洪水预报预警手册

Manual on Flood Forecasting and Warning

世界气象组织　编著

水利部水文局　刘志雨　侯爱中
　　　　　　　尹志杰　王伶俐　译

中国水利水电出版社
www.waterpub.com.cn
·北京·

内 容 提 要

本书是由世界气象组织（WMO）水文学委员会（CHy）组织编写的洪水预报预警实用指南，目的是为那些需要建立或定制洪水预报预警系统的成员（国）提供必要的基本知识和技术指导。

本指南共分 9 章，内容涵盖水文监测、信息传输、洪水预报方法与模型、洪水预报预警系统、信息发布与管理等国际上最新研究成果和实用技术方法。

本书可供广大水文、气象、水利、防汛等有关专业技术人员、中高等院校有关师生及研究人员使用和参考。

图书在版编目（CIP）数据

洪水预报预警手册 / 世界气象组织编著；刘志雨等译. -- 北京：中国水利水电出版社，2016.7
书名原文：Manual on Flood Forecasting and Warning
ISBN 978-7-5170-4723-0

Ⅰ. ①洪… Ⅱ. ①世… ②刘… Ⅲ. ①洪水－水文预报－手册 Ⅳ. ①P426.616-62②P338-62

中国版本图书馆CIP数据核字(2016)第263076号

审图号：GS（2016）1074 号

书　　　　名	洪水预报预警手册 HONGSHUI YUBAO YUJING SHOUCE
原　书　名	Manual on Flood Forecasting and Warning
原　著　者	World Meteorological Organization （世界气象组织） 编著
译　　　者	水利部水文局　刘志雨　侯爱中　尹志杰　王伶俐
出 版 发 行	中国水利水电出版社 （北京市海淀区玉渊潭南路 1 号 D 座　100038） 网址：www.waterpub.com.cn E-mail：sales@waterpub.com.cn 电话：(010) 68367658（营销中心）
经　　　售	北京科水图书销售中心（零售） 电话：(010) 88383994、63202643、68545874 全国各地新华书店和相关出版物销售网点
排　　　版	中国水利水电出版社微机排版中心
印　　　刷	北京嘉恒彩色印刷有限责任公司
规　　　格	170mm×240mm　16 开本　13.5 印张　188 千字
版　　　次	2016 年 7 月第 1 版　2016 年 7 月第 1 次印刷
印　　　数	001—800 册
定　　　价	**65.00 元**

凡购买我社图书，如有缺页、倒页、脱页的，本社营销中心负责调换

声　明

译 者 的 话

由于独特而复杂的自然环境和社会经济环境，受季风气候影响，中国历来是一个洪涝灾害频繁而严重的国家。据 2000 多年历史资料统计，中国平均每两年发生一次较大洪水。2000 年以来，中国年均洪涝灾害损失约 1500 亿元，约占同期全国 GDP 的 0.6%，年均因洪涝灾害死亡人数超过 1000 人；淮河、珠江、黑龙江等大江大河均发生过流域性大洪水，区域性、局部性洪涝灾害每年发生；平均每年有 7~8 个台风登陆，超强台风有增加趋势；山洪灾害、中小河流洪水、城市暴雨内涝严重，已成为制约经济社会可持续发展的重要因素之一。

正是因为洪水灾害急剧增加的影响，使得洪水预报和预警实践显得越发重要。20 世纪 80 年代末以来，防洪措施已经从主要采用防洪工程干预逐渐发展为进行综合性防洪管理，洪水预报和预警则是其中一个重要的组成部分。洪水预报和预警主要围绕监测、预报和预警三个环节，将水雨情监测系统与洪水预报、洪水预警体系有机结合，根据预报洪水量级和洪水可能的影响范围，选取适宜的洪水预警方案，实现预警信息及时、准确地上传下达，实施科学指挥、决策、调度以及抢险救灾，从而使得受灾区能够根据洪水防御预案，及时采取预防措施，最大限度地减少人员伤亡和财产损失。

近年来，国际社会高度重视洪水预报和预警工作。世界气象组织（WMO）自 2003 年起实施了洪水预报计划（FFI），旨在促进气象、水文、防灾减灾等业务部门间的协作，推动水文部门使用气象预报信息，为防洪管理部门提供准确和及时的洪水预报服务。在

FFI 实施过程中，WMO 还推动洪水指南系统（FGS）在全球层面的应用，协助成员（国）建立洪水早期预警系统，实现及早提醒洪水潜在危险区预防山洪等突发性洪水灾害。WMO 还联合全球水伙伴（GWP）、联合国教科文组织（UNESCO）及其他国际组织，推广应用洪水综合管理概念，尤其是在政策指导、技术工具和能力建设等方面为成员（国）提供技术支持。此外，世界气象组织水文学委员会组织实施的洪水管理联合计划项目已经成功运行帮助台（HelpDesk）功能，包含需求导向拓展功能，在多个发展中国家践行洪水综合管理的实践中发挥了重要作用。这些计划和活动的实施和产生的成果，将有助于促进中国在洪水预警、洪水预报、灾害管理等方面的国际合作与交流，进一步提升水文在防灾减灾方面的能力。

2004 年，世界气象组织决定由水文学委员会成立一个在洪水预报预警研究和实践方面富有经验的专家小组，由张建云教授（中国）负责组织编写一部洪水预报预警指南。刘志雨在担任 WMO 水文学委员会咨询工作组成员（2008—2012 年）期间，联合负责组织 WMO 洪水预报预测领域的相关活动，参与了这部指南的编写和统稿工作。这部指南历经 6 年完成，由 WMO 于 2011 年编辑出版（英文版），全书对有关洪水预报和预警的基础知识和信息作出简洁而全面的概述，所涉及的信息均为世界著名研究或咨询活动的最新成果，同时还提供翔实的参考资料和互联网链接，以备读者进一步详细检索相关内容，是一部实用性很强的指导书。因此，将本书所包含的知识信息、研发成果、实践经验全面、系统地介绍给我国的水文、气象、水利工作者，使更多的人从中获益，用以帮助解决我国洪涝灾害实际问题，进一步推动我国洪水预报预警业务的发展，成为译者翻译此参考书的初衷。本书的插图均为原版书中的插图。

经 WMO 授权同意，本指南由中国水利部水文局负责组织翻译成中文，由刘志雨、侯爱中、尹志杰、王伶俐等负责翻译和审校，其中前言、引言、摘要、第 1 章和第 2 章由刘志雨负责翻译，王伶俐负责审校；第 3～4 章由王伶俐负责翻译，刘志雨负责审校；第 5～6 章由侯爱中负责翻译，刘志雨负责审校；第 7～9 章由尹志杰负责翻译，侯爱中负责审校。全书由侯爱中初步统稿，最后由刘志雨统审、定稿。所有参加译校工作的专家和学者都为本书的出版付出了辛勤的劳动，我在此对他们所做的贡献表示真诚的感谢！

由于译者水平有限，译文中错误遗漏在所难免，敬请读者批评指正。

译者

2016 年 3 月

前　言

多年来，世界气象组织（WMO）一直致力于加强洪水预报和预警领域，编辑出版《洪水预报和预警指南》正是这一传统的延续。

在世界许多地区，每年洪水毫无疑问是最具毁灭性的自然灾害之一。在过去的几十年里，洪水灾害趋势一直是呈指数型增长。因此，开发水文预报和预警系统是地区和国家战略的一个重要组成部分。

为实现经济社会可持续发展，需要不断发展风险社区洪水预报和预警系统，这就要求实现数据、预报工具和专业人员的最佳组合。洪水预报系统必须为社区应急响应提供足够长的预见期。我相信，对于许多计划建立这样系统的世界气象组织成员来说，本指南将是一个有用的手册。

最后，请允许我代表世界气象组织（WMO）表达我的感激之情，感谢为准备和出版这本指南做出贡献的所有专家，特别要感谢WMO水文学委员会咨询工作组成员，谢谢他们在指南编写过程中给予的指导工作。

（**M. Jarraud**）
Secretary-General
（米歇尔·雅罗）
WMO 秘书长

引　言

作为 WMO 水文学委员会主席（CHy），我很高兴地报告，这本《洪水预报预警指南》是由张建云教授（中国）组织世界水文专家在第十二届和第十三届水文学委员会之间编写完成的。这些专家由开放的水文学委员会专家小组（OPACHE）中一些洪水预报预测专家成员组成：

Zhiyu Liu（China）刘志雨（中国）；

Jean-Michel Tanguy（France）米歇尔·唐吉（法国）；

Kieran M. O'Connor（Ireland），基兰·奥康纳（爱尔兰），指南初稿编制负责人；

Ezio Todini（Italy）爱齐奥·托迪尼（意大利）；

James Dent（UK）詹姆斯·邓特（大不列颠及北爱尔兰联合王国）；

Konstantine Georgakakos（USA）康斯坦丁·乔戛喀考斯（美国）；

Curt Barrett（USA）库尔特·巴雷特（美国）。

在第十三届世界气象组织水文学委员会会议上，水文学委员会要求重新建立洪水预报预测开放专家小组，以便组织完成手册的编写出版。《洪水预报预警指南》最终稿由英国的詹姆斯·邓特先生牵头负责完成，其出版前通过了水文学委员会的复审程序，并吸纳了以下两个复审人的评论意见：

Johannes Cullmann（Germany），约翰·库尔曼（德国），他应水文学委员会咨询工作组的请求于 2010 年 4 月完成这本指南；

Marian Muste（United States of America），马里安·妙思特拉（美国）。

本手册是 2008 年 11 月初召开的世界气象组织水文学委员会第

十三届会议上决定出版的三个出版物之一。已出版的那两个手册分别是《可能最大降水（PMP）估算手册》（WMO-No. 1045）和《流量测验手册》（WMO-No. 1044）。和推广应用其他手册一样，水文学委员会将根据需要适时组织一些培训活动。为此，水文学委员会正在组织编制《洪水预报预警指南》配套的培训教材。

（**Julius Wellens-Mensah**）

朱利叶斯·韦伦斯-门萨

水文学委员会主席

摘　　要

《洪水预报和预警指南》为任何情况下需要开发或建立一个适当的和定制的洪水预报和预警系统提供了基本知识和技术指导。目的是为国家气象、国家水文气象服务机构或其他洪水管理服务机构的相关人员提供一个简明但全面的基本知识和信息综述。这本指南是基于世界上著名的研究机构或咨询业务进展中最新的信息，同时提供广泛的文献和链接，引导读者参阅信息来源。

本指南分为几个章节，希望能指导一些特定情况的技术需求，包括如何对已有系统的升级和完善，或如何在非常基本的或根本没有任何基础能力的条件下建立一个新系统。该指南并不是按照一个特定的模板或惯例，为任何一个国家设计洪水预报和预警系统制定出循序渐进的过程。相反，在指南所有章节中，都列举了许多不同的实践和技术范例，从而反映出许多不同情况下的洪水预报和预警系统的发展水平和系统性能。

本指南描述洪水预报和预警系统的不同组成部分，包括：

洪水预报系统的设计；

洪水预报系统的实现和操作；

洪水预警；

业务培训。

目　　录

第1章 绪 论

1.1 背景

水文学委员会第十二届会议于 2004 年 10 月在日内瓦举行，会议将洪水预测预报确立为专题小组领域之一。与会代表认为，着手编写一本《洪水预报预警指南》是这一领域至关重要的活动。水文学委员会第十三届会议于 2008 年 11 月在日内瓦举行，会议要求改选的专题小组完成《洪水预报预警指南》的编写工作。

洪灾对全球的影响不可低估。联合国教科文组织（UNESCO）发布的世界水评估方案（www.unesco.org/water/wwap/facts_figures/managing_risks）就这一问题进行了明确的阐述。图 1.1 给出洪水灾害在所有与水有关的自然灾害中所占的比例。

人们注意到，洪水灾害导致的死亡人数占自然灾害全部死亡人数的 15%。例如，1987—1997 年，全球 44% 的洪水灾害发生在亚洲，因灾死亡人数达到 22.8 万人（约占全球洪水灾害死亡总人数的 93%），经济损失总计 1360 亿美元。在过去 20 年里，欧盟（EU）许多国家发生的突发性洪水和暴雨洪水导致了大量生命财产损失，另外，河道洪水泛滥也常常造成生命财产损失。英国有超过 12% 的人口居住在河流洪泛区或沿海洪水危险区，荷兰约有一半人口居住在海平面以下地区，匈牙利约有 25% 的人口居住在多瑙河及其支流的洪泛区。

在欧洲的山区，居住人口常常受到山洪的威胁。当高强度降雨超过城市排水能力的时候，大城市往往也会受到具有高度破坏性的暴雨洪水的威胁。2007 年夏季，英国发生的这类洪涝灾害造成经济损失约 40 亿英镑，其中保险损失约为 30 亿英镑。仅就英国而言，面临洪水风险的资产总价值已超过 2380 亿英镑（资料来源：洪水风险管理研究财团，http：//www.floodrisk.org.uk；英国环境局，2010 年 1 月：英格兰 2007 年夏季洪水成本）。

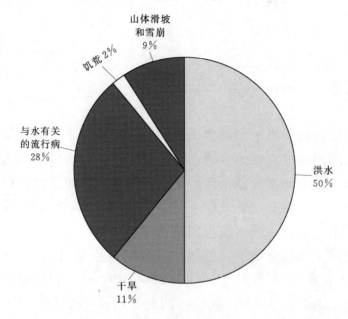

图 1.1　1990—2001 年各类与水有关的自然灾害所占比例

　　任何地方大雨过后都有可能发生洪水。在世界各地，所有洪泛区都属脆弱地区，而大暴雨往往会导致突发性洪水（见世界气象组织刊发的《自然灾害——洪水和山洪》，http：//www.wmo.int/pages/themes/hazards）。突发性洪水也可能发生在干旱地区，这是因为暴雨发生时，这类地区往往非常干燥，坚硬的地面无法透水。洪水类型各不相同，从小洪水到覆盖广袤土地大洪水不一而足。洪水的诱发原因各有不同，可能是暴风雨、龙卷风、热带和温带气旋（其中许多可能因厄尔尼诺现象而加剧），也可能是季风、冰塞或融雪。在沿海地区，热带气旋引起的风暴潮、海啸以及特高潮汐引起的海水倒灌都可能导致洪水泛滥。当河堤受到大量融雪侵蚀出现溃堤时也会发生洪水泛滥。另外，溃坝或异常性水库调度运行也可能会导致灾难性洪水。总之，洪水在全球范围内对人类生命财产构成了威胁。据可靠估算，在 20 世纪的最后 10 年，大约有

15 亿人受到洪灾影响。据最新的洪水年度报告，孟加拉水资源开发局（年度洪水报告，2009）估计，洪水灾害仅在该国水行业所造成的损失就达 7.5 亿美元左右。尽管累积洪灾面积仅占整个国土面积的 19.4%（低于平均水平），但其产业经济脆弱性近年来已经大幅升高。

正是因为洪水灾害急剧增加的影响，使得洪水预报预警实践显得越发重要。20 世纪 80 年代末以来，防洪措施已经从主要采用防洪工程干预逐渐过渡为综合性防洪管理，洪水预报预警则是其中一个重要的组成部分。综合性洪水管理（概念见世界气象组织《全球伙伴关系：相关的洪水管理规划》，http：//www.apfm.info）鼓励人们逐渐摆脱传统、分散、局部的防洪模式，将流域的所有资源作为一个整体来考虑，制定相应策略来维持或增加洪泛区的生产力，同时提供保护措施以减少洪灾造成的损失。

洪水泛滥是一种慢性自然灾害，往往会带来灾难性后果，其造成的损失约占全部自然灾害损失的 1/3。过去 10 年间所发生的极端天气事件引起了人们对人类活动导致全球变暖的广泛关注，全球变暖是否为极端天气事件的元凶，抑或全球变暖是否导致了洪水来得越加极端、范围更广、频率更高，这些都已成为研究和讨论的对象。由于全球社会及环境的变化，这类自然灾害带来的风险成本可能会增加，因此，“在责任与义务、采取适宜措施减轻损失以及救助灾民等问题上”，利益相关者与社会活动家之间存在着广泛的争议（Linnerooth-Bayer Amendola，2003）。另外，可预期的发展促使人们更加注重完善洪水预报系统，强化和改进洪水风险管理系统（Arduino，et al.，2005）。

人类目前还无法对洪水实施有效的控制和治理，“保护人类完全不受洪水泛滥之苦几乎是一个无法达到的目标”（Moore，et al.，2005）。例如，不同的输入（主要是降雨）和物理因子（如流域下垫面）及其共同作用作为驱动力会使自然河道流量增加并抬高水位，在较为极端的情况下，河网出现紊乱或河道区间入流的叠加就会引发洪水。

建立国家洪水预报预警系统的主要目的是尽早向官方和公众提供洪水迫近的信息。总之，洪水预报的任务是推断出洪水可能出现的特征，例如：较为准确地预测主要流域内关键域内即将发生的洪水量级和时间。国家洪水预报预警系统主要组成部分如下：

（1）收集实时数据用以预测洪水的严重程度，其中包括洪水开始时间、范围和量级。

（2）进行洪水预报预警发布的准备工作，发布内容需要明确说明正在发生什么，预报将发生什么及其影响。

（3）向社会公众广为告知这些信息，其中还可包括应该采取什么行动。

（4）分析洪水预报及实测数据，用以提供最新情况，进而确定社区和基础设施可能受到的影响。

（5）相关机构及社区对洪水预警的反应。

（6）洪水事件发生后，对预警系统进行评估，并改进其不足。

以上各项工作之间的链接以及地理信息系统（GIS）的应用，如图 1.2 所示。

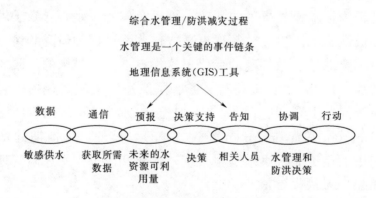

图 1.2　洪水预报预警系统的链接
（资料来源：美国国家海洋和大气管理局）

进行洪水预报需要了解各国当地特定条件下的气象和水文特点。国家层面的政府机构负有洪水预报的最终责任，但具体工作需要在地方层面来完成，例如流域或人口中心。

1.2 指南所涉及的范围和内容

本指南就洪水预报预警系统的研发提供基础知识和指导，各国可以根据情况量身定做适合自己的系统。在此，我们仅对有关的基础知识和信息作出简洁而全面的概述，用以满足各国气象和水文气象服务机构或其他洪水管理机构相关人员的需求。本指南所涉猎的信息均为世界著名研究或咨询活动的最新成果，同时还提供翔实的参考资料和互联网链接，以备读者进一步详细检索相关内容。

指南由一个专家小组负责编写，编写人员均为在洪水预报预警研究和实践方面富有经验的专家，此外还有各类投稿者和审稿人提供帮助。为了满足不同需求，指南分为多个部分，因此，无论是开发和改进现有系统，抑或系统仅处于初级水平，甚至还没有建立系统，都可从中受益。指南并不是以某一国家的实践作为特定模板来逐次讲解洪水预报预警系统的设计过程，而是提供大量不同的实践和技术实例，这样便可以展现出不同发展水平、不同需求以及不同能力。

本章概述了洪水预报预警系统的各个组成部分。书中各章所涉内容如下：

第2~4章：洪水预报系统的设计。

第5~7章：洪水预报系统的实现和运行。

第8章：洪水预警框架和业务。

第9章：洪水预报预警相关业务培训和能力建设。

书中各章试图循序渐进地为提高洪水预报能力提供指导。所需洪水预报能力初步评估如下：

（1）洪水预报配置需要什么，涉及的政府机构有哪些？对于由一个单独部门负责（如气象部门）或者由多个部门负责（最常见的是介于气象部门和河道管理机构之间）的情况，明显需要采取不同方式才能满足预报需求。

（2）气象、水文部门需要哪些信息提供支持？信息来源包括国家观测网、气象雷达、他国数据、预报信息和气象卫星信息。

（3）可用于洪水预报系统的水文网络（雨量计和水位测量仪）是怎么样的？

（4）洪水预报工作与周边国家（尤其是与其共享流域的国家）的联系？

（5）洪水预警信息最终用户的需求是什么？

（6）需要什么技能才能胜任洪水预警系统的研发工作？

1.3　洪水的类型和诱因

1.3.1　定义

国际上对洪水的定义有很多。为了保持一致，建议使用世界气象组织（WMO）/联合国教科文组织国际水文术语表（WMO 385号，1992），该术语表有多种语言版本。

国际水文术语表定义"洪水"如下：

（1）河道水位骤然上升至顶峰后缓慢退去。

（2）径流相对较高，常以水位或流量度量。

（3）潮水上涨。

洪水影响与洪水本身有所区别，因此"洪水泛滥"定义为：

河道正常范围内水体或其他水体或上游异常淹没区入流水体所产生的溢流。

国际水文术语表就洪水和洪水泛滥给出的术语定义很全面，因此无需在本指南中编目。在此，仅将不同类型洪水的主要特征概括如下。

1.3.2　洪水类型

1. 山洪

这类洪水常常由小区域短历时对流性暴雨引起。山洪几乎可以在任何地势陡峭的区域发生，但最常见的是特大暴雨频繁的山区。山洪暴发通常是短时强降雨的结果。这一特定类型的洪水往往会冲垮房屋、道路和桥梁，进而影响到通信和交通。山洪暴发也可能发生在因长期干旱而地面板结的局部地区。

2. 暴雨（河流）洪水

暴雨洪水是本指南关注的重点，其通常发生在区域广阔的流域。流量超过河道过流能力并漫过天然或人造堤坝，便会导致河谷中的洪水涌入洪泛平原或滩地。"骤洪"顾名思义具有降雨后形成速度快、流速高的特点，其发生在狭窄而陡峭的山谷间往往更具破坏力，正是这种速度快的特性使其对人类生命构成了巨大威胁。

3. 单事件洪水

这是一种最常见的洪水类型，在某一流域发生的大范围强降雨延续几小时至几天便会导致严重洪涝。通常情况下，这类降雨与气旋扰动、中纬度低气压和风暴有关，同时伴有明显的天气尺度锋面系统。

4. 多事件洪水

这类洪水主要是由持续天气扰动引发强降雨造成的，其影响区域最大。例如，许多低压带或低压往往会取道孟加拉湾，在印度恒河平原及中印度地区形成强降雨进而引发多事件洪水。冬季当低气压活跃时，多事件洪水也会影响到中纬度地区的广大流域，例如西欧。

5. 季节性洪水

季风性洪水一般较有规律，通常由季节性降雨活动引发而成。世界上属于季风气候的地区通常最易受到季风性洪水的影响，这类地区一旦出现"正常"洪水发展为高径流洪水的现象，情况就会变得危险起来。这类洪水往往会影响到全流域，可能会持续数周。季风活跃的情况下，汛期可能会出现大量单洪峰。流域上游湖泊出现高水位也会引发季节性洪水，例如尼罗河上游的维多利亚湖。还有一种季节性洪水的诱因是流域上游出现梅雨气候条件（此时，下游受影响地区处于不同的气候条件），其中尼罗河和长江流域就是很好的例证。

6. 沿海地区洪水

风暴潮和大风是沿海地区暴发洪水的最常见原因，而低气压使海平面升高则会引发风暴潮。在主要河口或近海区域等特殊的地理条件下，海床变浅和回流迟滞的双重作用会使海水成倍涌高，密西西比河和恒河三角洲受到飓风（台风）袭击时很容易发生这类洪水。敏感地区是西欧的北海南部，那里冬季低气压的移动路径比较特别。如果风暴潮发生在河流入海口附近，河水往往会受到潮水的阻塞，进而导致附近沿海地区洪水泛滥。海底地震导致的海啸偶尔也会在沿海地区造成严重洪灾。

7. 河口洪水

河口是海岸线的入口区域，沿海潮水在这一地区与集中流向大海的河川径流相遇。在高潮期，流向大海的河川径流与流向陆地的海流彼此作用，可能形成壅水或伸向内陆的涌潮。另外，许多河口的漏斗形特点又会使涌潮进一步推高上游狭窄河段的水位。这类洪水大多发生在沿海地区的河川三角洲，例如恒河河口地区。从淹没的深度和广度来看，河口洪水比风暴潮洪水更加频繁，但其严重程度相对较低。

8. 城市洪水

城镇地区的强降雨往往会在铺筑地区和建筑区快速形成径流，而当城市排水系统无法承受时，便会引发城市洪涝。在城市低洼地区，内涝不仅为强降雨所致，碎石瓦块阻塞泄水涵洞和排水出口（往往因为年久失修）进而阻碍排水也是一个重要因素。诸如新奥尔良、达卡和曼谷等许多主要城市位于三角洲地区，这些城市虽然都建有堤防保护和泵排系统，但是一旦降雨强度超过泵排能力，快速蓄积起来的暴雨径流便会导致大面积洪涝。

9. 融雪洪水

高地和高纬度地区在冬季会有大量积雪，春季来临，冰雪融化，便会产生融雪径流。如果气温上升较快，积雪快速消融可能会产生洪水，进而传导至下游地区的河道。如果融雪和强降雨同时发生，融雪洪水的严重程度便会增加。如果此时下层土壤还处于冰冻状态，其严重程度可能会进一步增加。尽管季节性融雪大多发生在河源区，所产生的洪水有益于下游地区，但还是会造成小范围严重破坏，在冬去春来、冷暖交替的雨季更是如此。

10. 冰塞洪水和堰塞洪水

在季节性融水地区，如果河道中迅速堆积起浮冰，进而形成堰塞和壅冰流，冰塞上游的水位便会上升。在这种情况下，"冰塞"一旦突然打开，便会诱发类似于溃坝形成的洪水向下游滚滚流动。地势陡峭地区出现融水和暴雨可能会引发滑坡和泥石流。泥石流向下游移动可能会形成堰塞湖，而堰塞湖溃决可能会导致严重的洪灾。这两种现象往往很难预测。

1.3.3 洪水预报在洪水管理中的角色

鉴于任何预防或防御措施都不可能完全有效，因此洪水预报对洪水管理来说不可或缺。就防洪而言，现有经济水平往往使可实施的防御措施受到限制，此外还存在着防御系统失灵或无法承受洪水袭击的可能性，因此需要另外采取一些措施。洪水预报作为洪水管理规划和发展战略的组成部分，使人们认识到在洪泛平原居住区采用非工程措施可能比较有效。这些措施包括构筑临时性洪水防御工事（防洪闸门或可拆卸障碍物）、家庭保护（沙袋）和当地疏散（去洪水避难所）。

洪水管理需要水资源管理机构、本地或市政当局，以及交通、通信和应急部门做出不同程度的响应。因此，必须向这些用户提供洪水预报信息，使他们有所准备并做出响应。在最极端情况下，洪水预报甚至可以成为灾害管理能力的一部分，为政府最高权力机构提供帮助。

鉴于水文气象条件和其周边环境的情况不同，洪水预报发挥的作用是有所差异的。城市出现的问题与农村地区有所不同，洪水危险区往往位于河岸、沿海或山区，这显然需要相应进行不同类型的洪水预报，如1.3.2所述。洪水事件的性质也很重要，尤其要考虑所发生的是处于可预报程度较高季节（如季风或飓风季节）的常规洪水，还是在特殊气候条件下（如特大雷暴雨）所产生的非常规洪水。因此，洪水预报系统的设计应该具有灵活性，系统各特定模块之间应该维持平衡，例如气象和水文预报、规模和时间设置都必须适应实际情况。例如在某个特定国家，可能会遇到许多不同类型的洪水，对其则需要采用不同的预报方法。因此，预报系统在上游源头地区可能需要关注山洪，而在平原地区则可能需要关注缓慢形成的洪水泛滥。

1.4 洪水预报和预警系统的基本关注事项

1.4.1 洪水预报预警系统的定义

构建一个有效的实时洪水预报系统时，需要将基本结构与组织方式联系起来考虑。其基本要求如下：

（1）提供降雨量和降雨时间等具体的预测数据，为此需要建立数值天气预报模型。

（2）建立人工或自动水文测站网，并以遥测方式与中央控制站相联。

（3）洪水预报模型软件需要与观测网相联并可实时运行。

洪水警报不同于洪水预报，这是因为洪水事件正在发生或迫在眉睫时才发布警报。洪水警报必须发布给需求各异的一系列用户。其目的包括：

（1）促使作业团队和紧急救援人员处于准备就绪状态。

（2）向公众告知洪水事件发生的时间和地点。

（3）向可能受到影响的区域发出警告，如公路、住宅和洪水防御建筑等。

（4）为个人和组织预留采取行动的时间。

（5）在极端情况下，发出警告为疏散和应急做准备。

洪水预警可以使生命财产和牲畜免受损失，从而减少洪水带来的总体影响。洪水警报需要迅速、清晰地获取，因此必须相当重视如何将技术信息传递给非专业人士，其中包括相关组织、公众、媒体和受教育程度不高的人群。

洪水预报预警系统有许多共性，例如都涉及洪水发生的原因、影响和风险等。以上主要和次要特点需要特别注意。

1.4.2 气象关注事项

降雨、降雪和融雪等气象现象是洪水暴发的主要自然原因。显然，预报关键洪水事件发生时间、范围和量级的能力在洪水预报预警中具有重要价值。洪水预警发布涉及两门气象知识，即气候学和应用气象学。国家气象局应该在这两方面做好充分的技术储备，有可能的话，可借助于相关的科研机构。

气候学所研究的是降水天气系统及其季节性和极端情况。了解产生洪灾的各种天气系统在很大程度上有助于确定采用何种观测和预报系统。干旱地区的洪水往往以山洪为主，观测和预报设施必须偏重于快速识别洪水事件。因此，卫星和雷达是最有效的观测手段，而大范围天气预测则价值有限。

了解降水天气系统的季节性对具体运行非常重要，因为这将影响到人员配备、组织报警和背景工作模式。雨季地区很好定义，例如亚洲季风区、热带非洲和中美洲，在这些区域只需注意确保有足够的工作人员监测最新出现的常规情况，并24h监控是否有严重情况发生。然而在温带和大陆地区，洪水事件的发生具有很强的随机性，因此预报组织形式需要灵活应变，这就要求工作人员了解各项洪水预警职责，尽管他们的日常工作范围可能较宽泛。

水文气象统计数据（主要是降雨数据，但也包括蒸发数据）对洪水预报预警工作来说至关重要，这类数据通常与气候数据分开处理。对数据进行统计的目的在于评估实际发生或预计未来洪水事件的严重程度和概率，并摸清其来龙去脉。进行长期记录是至关重要的，因此需要进行投资，用以安装和维护雨量观测网（另外配备蒸发和/或气候观测站），确保有足够人员和设备处理和分析记录数据，以及维护一个灵活的可访问数据库。

用于提供洪水预报预警的水文气象数据也必须是实时的。重要的是，必须通过遥测手段将相当比例的代表雨量站网与预报预警控制中心联通。这样做有三重目的：

（1）使工作人员能够监测到实际情况。

（2）依据降雨强度和/或累积雨量的预警指标或触发条件发布警报。

（3）为预报模型（尤其是降雨-径流模型）提供输入。

1.4.3 水文关注事项

洪水预报预警系统所需的水文信息与气象信息类似,但出于工作目的,必须了解相关地区的所有洪水特征并获得实时信息。所需的关键数据包括湖泊和河道水位、河道流量和地下水位。观测站扮演着双重角色,即提供长期统计数据和通过遥测手段向控制中心传送数据。定点位置的水位通常可以预示洪水的不同程度,因此可以设置一系列触发器并通过遥测装置报警。分析上游、下游水位之间的关系是预测的一个重要手段。洪水预警系统通常依据上游某点的水位作为参照,估算洪水风险区某兴趣点的水位,并依据上游某点洪峰大小估算其传播至下游某地的时间。利用图表可以将水位关系和洪水传播时间描绘出来。从实时洪水建模目前的发展来看,已经能够为预测洪水水位、发生时间和强度提供较为全面的信息。

1.4.4 危险和影响的性质

风险可以定义为自然或人类危害与脆弱条件之间相互作用所导致的有害后果或预期的人类伤害、环境破坏、生命损失、财产损失和生计损失的可能性。洪水风险与水文不确定性有关,其难免会涉及社会、经济和政治的不确定性。实际上,在描述未来洪水风险的特点时,最大和最不可预测的恐怕是人口增长和经济活动所带来的变化。这可以从人类积极应对洪灾的发展史中得到印证,历史告诉我们,农村广大人口所固有的适应能力最终输给了更为复杂的社会。洪水风险管理是综合水资源管理(IWRM)的一个组成部分,包括准备、应对、恢复等一系列系统行动。风险管理应该实现识别、评估和风险最小化,或者通过适宜的政策和实践消除不可接受的风险。

设计洪水预警活动主要是为了解决某些洪水设计限度问题,例如可以在概率范围内设立与已知风险和影响相关的监测、建模和运行系统。洪水预警活动应重点关注人口地区、重要的通信和基础设施,另外还需对洪水做出有效的反应。洪水事件的量级及其影响不尽相同,因此,洪水预报预警必须针对一系列洪水量级。区域洪水和低强度洪水则有所不同,采取关闭洪水闸门、设置障碍物等相对简单的临时措施便可抵御这类洪水。而规模较大的洪水则可能造成财产损失、公路和铁路关闭以及居民疏散，应该针对洪灾的可能严重程度来设计或规划防御和补救措施，这类措施往往涉及与成本和损失相关的经济决策。建设有关键基础设施的城市地区的防洪设计标准为 100 年一遇，较小的人口中心和交通设施的设计标准为 50 年一遇，农村地区和次要保护建筑的设计为 20 年一遇（5％）。

在超出洪水管理设计能力和发生灾难性事件（如大坝或堤防垮塌）的情况下，提供的某些洪水预报预警可能并不完全有效。在这种情况下，监测设施足够稳定就显得异常重要，因为持续的观测可为应急反应和救援活动提供至关重要的帮助。在这方面，监测仪器和遥测系统的适应能力尤为重要，尤其是在人工测报可能无法进行的情况下。

1.4.5 预报预警的发布

有效发布预测警报是非常重要的。必须让公众和洪水管理相关机构获得对等信息。从历史上看，这导致了洪水预警服务一分为二，从而必然形成社区和政府之间共同分享支撑资源的局面。公众与政府机构之间的信息不对等导致公众过去没能得到有效服务而对政府提出严厉批评。因此，必须认真考虑以何种表达方式及何种级别发布信息。目前的情况已经有所改善，洪水预报预警信息已不仅向政府有关部门发布，直接利益相关公众也可得到这类信息。这得益于电信业、计算机、信息革命的发展以及所有权意识的增强，广播和电视等媒体的报道也功不可没。但重要的是如何广泛传播，而不是沉迷于高科技手段。即便是在科技发达的社会，利用互联网发布洪水预警信息是否完全有效也还是个问题。社区的老年人和贫困家庭可能没有所需的设备，而且当危险来临时人们能否上网查询也还是个疑问。人们还必须记住，在洪水事件过程中，这些系统所依赖的通信和电力设施本身也面临失灵的风险。

鉴于高科技方法过于复杂并且依赖性较强，因此，需要提供一些替代方法。世界大部分地区过去提供的应急服务（警察、消防、民防）一直与洪水救援密切关联。他们的角色随着技术的发展可能会发生变化，但发布洪水预警和进行救援仍旧是必须做的工作。另外，在没有认真考虑后果的情况下，不应该放弃洪水观测和响笛报警等一般性报警系统。

1.4.6 制度方面

应该明确定义洪水预报预警系统的角色和责任。其涉及面很广，包括数据收集、制作和发布预报预警、输出的不确定性以及其他任何相关的法律或责任需求。洪水预报预警各相关独立机构无论负有什么功能职责和运行职责，其基本职责都是通过中央政府提供公共安全和应急管理。尽管政府在法律上没有责任保护土地或房产免受洪灾侵害，但政府必需要采取行动保护广泛的社会和经济福利。运行当局可以被授权修建或维护洪水防御工事，但这可能不是他们的法定责任。然而，这类责任可以通过立法和法规形式加以确定，以便政府各部门依法行事。一旦通过了相关立法或修改案，制定法律文件之前则需要认真考虑有关部门的责任和义务，这一点极其重要。

由于下列原因，体制结构和职责可能会变得较为复杂。一些部委可能对洪水预报预警活动负有不同责任。此外，就执行机构本身而言，洪水预报预警职责可能只占其所有职责的一小部分。下面举例说明可能出现的复杂情况。

英国：天气预报由气象局（隶属于英国国防部）提供给环境署（洪水预报预警的责任单位）。而环境署则隶属于环境、食品和农村事务部，虽然这个部门负责发布洪水预警，但它并不负责执行洪水响应行动。这些行动主要由地方当局（社区部和当地政府）和应急机构（内政部）负责。

孟加拉国：隶属于国防部的孟加拉国气象局（BMD）负责向洪水预报预警中心（FFWC）提供气象信息。而该中心只是孟加拉国水利部水文司（水资源开发局）内部的一个单位。在孟加拉国，往往由多个部级和局级单位共同负责洪水响应行动，灾害管理局负责协调工作，但该局却是食品和灾害管理部的所属单位。

巴布亚新几内亚：这个例子所说的是该国 20 世纪 80 年代末的情况。当时，洪水预警工作主要由各地方政府负责，工务局负责全面协调。隶属矿产能源部的气象局负责发布恶劣天气警报，水资源局则负责收集包括降雨量在内的水文数据。随后，气象局又划归为环境部的航空司和水资源司的共管单位。

许多国家将水文和气象服务归为一个部门负责，如俄罗斯、冰岛、一些东欧国家和尼泊尔。这在理论上简化了数据收集、使用和发布等问题，可以消除一个机构负责收集大气数据而另一个机构负责提供降雨和河流数据等带来的困扰。在许多国家，气象和水文机构都从事降雨数据的收集，在这种情况下，由于历史原因或对降雨数据的不同需求会影响到不同机构所采集数据的类型。在斯里兰卡，不仅有提供农业气象服务的气象局负责采集降雨量数据，灌溉局和农业局也在从事这项工作。

洪水预报预警作为水文气象部门的重点工作近来发展较快。这表明巨大的经济投资和人口压力正在使洪水影响的严重程度不断增加。以前在英国、法国和其他欧洲国家，洪水响应行动大多集中在洪水防御和通过恶劣天气预报得到警报。然而，在 1995—2003 年间许多严重洪水事件的发生促使这些国家建立了国家洪水预报预警中心。这就为加强监测网（尤其是以洪水预报预警为目的的监测网）提供了机会。水文监测网包括监测仪器（雨量器和水位记录仪）及其用于数据存储和传输的电子设备，气象工作则主要涉及卫星和雷达数据的收集和提交。

1.4.7　法律方面

不确定性是洪水预报预警系统必须应对的问题，这是因为气象和水文现象有其内在特性。因此，必须考虑不确定性造成的设备误差和人为运行错误，可以在设计和规划过程中解决不确定性问题，即根据不确定性的程度（可接受的失败风险）做出决策。这样就可以在安全设计成本与灾害损失之间求得一种平衡。除国家级安全地域和核电站等关键设施必须"全面保护"外，所有不确定性问题均可通过概率方法解决。现在，概率法已经越来越多地用于风险分析，因为人类和经济条件下的洪水影响和后果往往涉及气象和水文特征。

严格的法律责任条款很难适用于各种不同的洪水预报预警活

动。鉴于承包商可能会因为大坝或防洪墙等防洪设施的垮塌面临法律责任，制造商可能会因为产品没有达到防汛抢险标准而面临法律责任，大多数国内和国际法规都将洪水定义为"不可抗力"。涉及洪灾的法律责任往往是"逆向"运行的，也就是说，如果情况表明设计中存在某种形式的过失或指导方针被忽视，则可能不给予损失和损害补偿或赔偿。在许多国家，政府或国际机构可能会提供补偿或帮助重建，但没有法律义务。保险业正越来越多地扮演政府在恢复行动中的角色，在发达国家尤为如此。然而，增加使用保险意味着事件发生时保险公司的成本大幅上升，进而导致保费上涨。这种情况也会导致保险公司在确定投保对象是否为有高风险时而踌躇不前，从而使洪水高风险地区的财产无法投保。

参 考 文 献

Arduino, G., P. Reggiani and E. Todini (eds), 2005: Special issue: Advances in flood forecasting. *Hydrol. Earth Syst. Sci.*, 9 (4).

Bangladesh Water Development Board, Flood Forecasting and Warning Centre, 2010: *Annual Flood Report*, *2009*. http://www.ffwc.gov.bd/.

Flood Risk Management Research Consortium. http://www.floodrisk.org.uk.

Linnerooth-Bayer, J. and A. Amendola, 2003: Introduction to special issue on flood risks in Europe. *Risk Anal.*, 23 (3): 537 – 543.

Moore, R. J., A. V. Bell, and D. A. Jones, 2005: Forecasting for flood warning. *C. R. Geosci.*, 337 (1 – 2): 203 – 217.

National Oceanic and Atmospheric Administration. http://www.nws.noaa.gov.

United Kingdom Environment Agency, 2010: *The costs of the summer 2007 floods in England*. Flood and Coastal Erosion Risk Management Research and Development Programme, Project SC070039/R1. http://publications.environmentagency.gov.uk.

World Meteorological Organization: Natural hazards-Floods and flash floods. http://www.wmo.int/pages/themes/hazards.

World Meteorological Organization-Global Water Partnership: Associated Programme on Flood Management. http://www.apfm.info.

World Meteorogical Organization-United Nations Educational, Scientific and Cultural Organization, 1992: *International Glossary of Hydrology*. (WMO-No. 385), Geneva.

第2章 洪水预报系统的主要方面

2.1 基本关注事项

承认洪水预报预警系统的必要性足以表明工程防洪存在局限性。由于洪泛区建有定居点，而且社区安全和资产保护的现实需求应该得到满足，所以提供足够的洪水预报预警服务正在成为许多国家的不二选择。洪水预报和预警服务不仅对当地有益，而且可以在更广的范围内为国民保护和应急响应服务提供支持。在大多数情况下，预报预警服务属于政府行为，其主要目的是向民事保护部门和普通公众及时提供可靠信息。另外还需尽可能提前预警，以使民众有足够的时间采取自我保护措施或适当行动。

建立国家洪水预报系统的目的是在全国范围内提供一套完整的业务服务。但这一目的有时可能无法实现，因此往往需要寻求某种妥协，其中可能的办法包括在低风险区提供不太复杂的服务、设备，或确定采取以高危地区为首要考虑对象的分阶段推进方式。

设计适宜的洪水预报服务，需要了解如下情况：

（1）流域的水文气象特点、地形、地质和土壤，以及防洪工程的发展程度。

（2）水文气象事件发生期间的主要物理过程。

（3）需要的或在技术和经济上能够实现的服务类型。

上述（1）、（2）涉及相关流域的物理条件，（3）涉及组织和运行需要考虑的因素。这几种情况将在以下章节加以探究。

2.1.1 流域类型

世界上有许多不同的流域及河系。它们或多或少都拥有各自的特殊性，对暴雨、风暴或海洋-内陆气象综合作用事件的响应也各

17

具特点。然而，一般可以根据流域对水文气象事件时空响应的不同特点定义五种主要流域类型：

（1）面积在数平方公里之内的城市小流域。这类流域人口稠密，不透水面积比例高，响应时间仅为一两个小时，排水网络能力可能无法承受洪水径流。

（2）面积在 $10 \sim 500 \mathrm{km}^2$ 的上游中小流域。这类流域的响应时间为几小时，通常位于地势陡峭的山区。

（3）面积在 $500 \sim 10000 \mathrm{km}^2$ 的中型流域。其特点是径流传播距离远，并伴有支流来水。对于这类流域来说，洪水可能需要数天才会影响到下游；面积超过 $10000 \mathrm{km}^2$ 的内陆河流域通常由大河构成，对洪水的响应时间可达数周，洪水主要在季节性气象条件下发生。

（4）河口是非常特别的区域，会受到海洋风暴潮、潮汐和上游来水多重作用的影响。如果河口面积宽广，强风可能会对水位产生巨大影响。当河道洪水起主导作用的时候，洪水传播时间可以达到数小时，其决定因素是河流上游区间长度。

（5）以地下水为主要补给的河流系统。这类河流长期受制于周期性水位波动，可能产生长历时洪水，在某些情况洪水过程可持续数周。

2.1.2　物理过程

提供何种预报服务首先要看流域中发生的是上述哪类洪水过程。下表对这些洪水过程做了说明，并清楚给出了适合于各类流域的预报服务。流域面积、物理过程和洪水响应之间的相互作用见表 2.1。

表 2.1　流域面积、物理过程和洪水响应之间的相互作用

流域类型	物　理　过　程						
	风	下渗	降雨强度	径流	洪水传播	潮汐和风暴潮	水位
城市		×	×××	×××	×		
上游流域		××	××	×××			

流域类型	物 理 过 程						
	风	下渗	降雨强度	径流	洪水传播	潮汐和风暴潮	水位
大江河	×		×	××	×××		×
河口	×××				×××	×××	
含水层	×			×		×	×××

注 ×××：显著影响；××：直接影响；×：较小影响。

例如，上游流域具有对强降雨响应速度快的特点，如果流域地面潮湿、下渗减少，其响应就会加剧。上游支流来水也会增加向下游传播的洪水流量。在响应速度快的小流域，城市化导致的下渗减少是一个需要重点考虑的因素。

城市流域遭受洪涝的特点非常明显，如铺筑区域的存在、排水系统能力有限或缺少排水系统，都可能导致洪涝。降雨强度是诱发洪水的一个重要因素，最近这类洪水被称为"涝"。最近英国环境、食品和农村事务部所从事的研究是对雨量预报应用程序中的临界降雨阈值进行探究，这可能对洪灾"热点关注"识别大有益处，这类洪灾往往发生在城市低洼区或地表排水不畅的地区。

上游和城市流域发生的主要洪水过程往往是下渗和径流相互作用的结果，在这两个因素的共同作用下，下游河段和低洼地区会产生大量汇流。大江河有着广阔的流域，其子流域发生的洪水及其共同作用（即洪峰独自发生或同步发生）会影响洪水向下游传播的路径。而在下游进入河口的河段，如果潮汐和大风明显影响到洪峰进程，情况可能会变得越发复杂。一些大流域可能存在含水层地区，这类地区的地下水特点会改变洪水响应。这类情况可能会减少洪水最初主要对降雨或融雪事件的响应，但随后溢出的地下水可能会延长下游河段洪水泛滥的时间。

人们可以通过实测和建模来监测和预测上述各类洪水过程，并根据给出的各种条件设计洪水预报预警服务方式。各类流域洪水需要不同的监测和建模方式加以应对。山地和城市流域所面临的挑战是如何确保足够长的洪水预见期。因此，必须注重有效的实时观测和快速的数据传输及处理。在这些地区，重要的是提供高质量气象观测和预报，以尽早得到模拟洪水评估结果。目前，需要详细了解的局部强降雨过程和设施排水能力已经成为防洪需要考虑的重要因素。

在较大的集水区，降雨预报和观测预见期可能并不那么重要。在非常大的流域，数据采集可能只需每隔数小时进行一次。然而在这类地区，需要更加注重降雨分布和模式，并重点观测流域的水文响应。一些大集水区可能会出现"排水堵塞"问题，这种情况往往出现在干流水位高涨之时，致使洪水无法从较小集水区和相邻低洼地区流出。在这些情况下，由于局部洪水响应不同于其在大多数流域的运行情况，遥测雨量计或雷达进行的当地降雨观测则承担着相当重要的角色。

英国赫尔城 2007 年 6 月发生了一件非常有趣的事情。赫尔城位于主河口，周围是低洼地区，河流普遍受到潮水阻塞。长时间的暴雨已经导致周围河流水位上涨至"警戒水位"。然而，尽管水位继续上涨，但上涨速度很慢，并没有达到需要报警的水位，但随后的一场暴雨却引发了该城的大洪灾。导致这次严重损失的原因是当地政府主要依靠河流洪水警报做决策，并没有专门针对暴雨和下水道阻塞的报警系统。

2.1.3　服务类型

最先进的预报预警服务应该能够准确预报淹没的广度和深度。然而，即便是在高度发达国家，也不可能在全国范围内提供这一水平的服务。成本高和建模复杂在很大程度上限制了服务等级，但以下原因也可能会影响到相关服务等级的选择：

（1）事实表明流域内几乎没有洪水脆弱区或重要经济区需要大量配备价格昂贵的仪器设备。

（2）流域的水文气象特性不会产生足以证明需要投资的严重或频繁的洪水事件，例如干旱和半干旱地区。

（3）尽管了解流域的水文响应条件，但水文监测和建模技术没有先进到足以提供足够准确的预报，例如城市地区。

（4）国家或地区的发展水平和经济条件不足以提供和维持技术服务。

所提供的服务类型和级别，往往需要在洪灾预报技术可行性与保护弱势群体、重要区域和基础设施的经济合理性之间达到一种平衡。不同类型服务（从较低级别到最高质量级别）可总结如下：

（1）基于阈值的洪水警报：这种服务基于沿河实时数据的测量。其并不进行定量预报，但却能定性估算河道径流增加量或水位涨幅。无需使用水文或水动力模型，因为一旦达到临界水位，便可按比例推算洪水趋势。河水运动状况是所需的基本信息，即特定观测点的洪水过程线。每隔一段时间都要进行一次修正，用以修改潜在或实际洪水条件的推测。

（2）洪水预报：这是一种基于模拟工具和模型的、更为明确的服务。模拟手段包括统计曲线、水位相关关系和时间传播关系等简单方法。这些方法可以用来进行水位量化预报和时间预报，用以提供具有可信度和可靠性的洪水预警。无论是使用这种简单方式，亦或使用集成和复制全流域河水运行状态的模型等更为复杂的方法，都必须使用历史洪水数据对模拟工具进行率定。另外，还需要定期校核和修订模拟方法，以确保正确识别流域关系。在洪水预警期间，预警服务发布的信息不仅限于测站所在位置，还应以面临危险的特定位置作为重点。

（3）视图化预警：这是由特定场所预警发展而来的一种方法。目前，洪水预报服务在许多国家提供了互联网视图化服务（例如法国的"预警地图"）。由观测和模型获得的风险级别通过颜色代码来标记（法国为绿色、黄色、橙色、红色），分别表示预期洪水的严重程度。

（4）淹没预报：这是提供给公众的最为复杂的服务。它需要将水文或水动力的水位流量模型与洪泛区数字地形模型结合在一起使用。地形模型的详细程度和准确程度取决于风险区域的自然特性。在洪泛区，越是敏感的区域，所需服务的复杂程度越高。这种模型必须有能力精确预报洪水位置，例如住宅区、发电站、公路或铁路桥梁等关键设施的位置。进行相关研发还需要全面了解历史严重洪水事件的淹没情况。

2.1.4　预见期

有可能获得的洪水预见期与流域类型有关。然而，评估预见期需求的基本原则是采取有效准备行动所需的最低预警期。这取决于目标社区或地区的需要。各个家庭和企业可能需要一两个小时将脆弱物品搬至楼上或把沙袋等抗洪物品放置就位。大型基础设施的保护、公路泄流设施的建立以及农场家畜的转移可能需要几个小时的预见期。在预见期长但潜在影响大的大流域，疏散高危人群所需的预见期可能要以天数来计算。因此，必须具有灵活的预见期理念，最短时间完全取决于流域构成和预报预警系统能力。就城市化小流域而言，洪水反应时间可能很短，以至很难提供有效的预警。如果存在高风险、影响严重的情况，将实时水文和水力模拟与自动预警系统结合使用或许能够解决预见期短的问题。

以下三种情况会对预见期产生影响：

（1）在依据历史水位数据进行预报的情况下，有可能推算出数小时之内的水位值，这取决于流域特征和洪水特性。

（2）如果掌握遥测雨量数据或雷达降雨信息，可以提供额外的预警。在这种情况下，富有经验的预报人员通过主观判断便可以估算出可能的洪水响应时间。如果需要较为精密的计算，这类数据还可以作为水文预报模型的输入项。

（3）气象部门提供的降雨预报有助于延长预见期。如果将降雨预报作为流域预报模型的输入项，流量预见期则可延长数小时。当然，这需要气象服务部门与洪水预警服务部门之间的竭诚合作。

在此就上述第三种情况举一个例子。在法国南部丘陵地区的快速响应流域，降雨预见期为 6～12h，水文预见期（流域响应）约为 10h。因此，当地相关部门可以提供 15～20h 的洪水风险预见期，然后以预警地图的形式发布。如图 2.1 所示，两个流域标记为黄色，此为警报的最低等级，表明可能会发生低强度洪水。

有关预见期描述以及预报预警信息的许多实例均可从各国的洪水警报部门获得。典型的实例可以在以下网站找到：

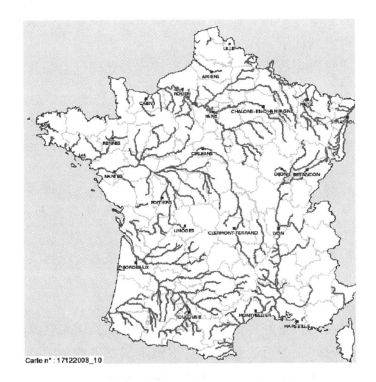

Carte n°: 17122008_10

图 2.1 法国政府 2008 年 12 月 17 日发布的"视图化预警"
(资料来源：法国政府网站 http：//www.vigicrues.ecologie.gouv.fr)

英国：http：//www.environment-agency.gov.uk/homeandleisure/floods

法国：http：//www.vigicrues.ecologie.gouv.fr

比利时：http：//www.ffwc.gov.bd

美国：http：//www.weather.gov.ahps

澳大利亚：http：//www.bom.gov.au/hydro/flood

第 8 章中将描述一些特殊的预报预警服务。

2.2 数据需求

2.2.1 总体技术需求

数据需求是否详细，取决于洪水预警系统的特殊功能及其目

23

标。在随后的章节中将会详细探讨这些需求。洪水预报系统的总体
技术需求可概括如下（Bruen，1999）：

（1）实时数据收集子系统。负责接收和处理气象信息和水文信
息（包括河流和水库相关测站断面的流量、水位及其关系曲线），
如果需要，还包括土壤含水量信息。相关的技术设备包括人工或自
动记录仪、地面数据收集平台、基站雷达、卫星、机载传感器
和 GIS。

（2）访问气象预报子系统的输出，即用于水文预报输入的天气
预测模型输出，例如洪水预报模型所需预见期的定量降水预报
（QPF）。

（3）可有效融合各种数据源的子系统。该系统所提供的反馈机
制，既可用于重新校准测量工具和技术系统，也可用于模型误差修
正的初始化。

（4）嵌入用户友好界面的流域建模子系统。用来估算流域出口
断面在所需时间段的总流量，并对不确定状态进行相应描述。

（5）由水动力或水文河道演算模型组成的子系统。用来估算洪
水波沿河道的运动、水位、堤坝决口和水库运行的影响以及洪泛区
和淹没区相互作用产生的影响，并给出淹没预报。

（6）误差校正子系统。所包含的算法可以根据最新的河流监测
数据改进流量估算值。

（7）潮汐或河口建模子系统。用于估算回水对洪水的影响。

（8）通信、GIS 网络和决策支持系统。提供各种级别的详细预
报数据和视图化预报资料，用以显示实时的洪水淹没情况。

在本章剩余部分将进一步探讨主要数据类型。

2.2.2　水文数据

这些数据基本上与河道流量和水位的实测有关，其观测设备应
该能够精确记录二者的峰值。洪水预报系统需要有河流观测网的支
持。河流观测设备的种类很多，用于实测水位或流量的设备包括简
单的人工观测仪器和多普勒超声波传感器。预见期、精度以及预报
地点的位置等需求决定了河流观测网的构成。由于建模方式或运行

验证等方面的原因，预测地点位置通常与河流观测位置一致。然而，预报地点也可以是洪水潜在影响较大的特定河段，比如城镇附近或农业区。在预报地点位于流量测站的情况下，应该确保水位流量关系的准确率。预报地点应该配有水文遥测设备与运行控制中心保持联通。

2.2.3 气象数据

要想成功开发并运行一个洪水预报预警系统，降雨强度和降雨历时、降水预报数据和用于降雨径流模型率定的历史数据都是必不可少的。为了尽可能延长洪水预报预警的预见期，必须获取气象实时数据和气象预报。降雨量是主要使用的气象数据，通常从雨量观测网或雷达覆盖区获得。这些数据对于建模区域降雨量（无论是一个网格的降雨量还是整个流域的平均降雨量）的估算最为有用。

基于地面遥测雨量器和气象雷达（显示空间分布）的传统降雨预报技术仍然使用广泛。这是因为传统的、应用广泛的水文气象网已经逐步发展起来，并被认为效益较高（Todini，2001）。据称，使用雷达数据有如下三大好处：

（1）降水场更精细的空间分辨率。

（2）实时数据实用性。

（3）跟踪将至暴雨的能力，甚至在暴雨到达关注流域边界之前。

雷达具有自身优势，尤其在地面雨量站分布稀疏的区域和对局部产生的暴风雨更是如此。然而，如果暴雨范围很大，同时覆盖许多雨量站，雨量计测量结果往往比雷达更精确。但与泰森（Thiessen）多边形或克里金（Kriging）差值等经典方法相比，雷达会较好地表示空间分布。

可以预计，随着科技的快速进步和气象卫星功能的不断增加，气象卫星除了提供关于大气垂直结构的信息之外，还将在不久的将来有能力区分水云和冰云，并能探测到低云和雾。

实时气候数据常常用来计算输入水文模型的蒸发量。水文模型不仅需要实时数据进行运行，还需要输入长系列历史降水和气候数据进行率定。

　　全球、区域或当地气候预测模型可提供降雨预测值，以输入洪水预报模型。这可以作为复杂预报的一部分，例如英国气象局的短期集合预报系统（STEPS）（Bowler，et al.，2006）提供定量降水预报或作为定量预报的附加产品，帮助进行洪水预警决策。尽管定量降水预报具有相当大的不确定性，并且对水文模型价值有限，但使用定量降水预报可以明显延长预见期。如果能够达到足够的准确率，其未来前景不可限量。

2.2.4　地形数据

　　地形数据正在越来越多地被用于洪水预报系统，这是因为相关模型需要依据这类数据生成现实洪水空间估算值。"传统"的地形信息（可以从地图上获得并用来描绘流域面积）与现在更为详细的地形或数字高程模型（DEM）数据信息是有区别的。国家和国际机构的 DEM 信息都有着不同的水平和垂直范围定义。现有卫星资源提供的全球范围 DEM 产品可达精度为水平分辨率 90m，垂直分辨率±2m。这可能还无法满足精确表示洪泛区和河道持水能力的建模需求。但光雷达（LIDAR）或机载侧视雷达（SLAR）测得数据的精度可以达到水平分辨率 20m，垂直分辨率 0.5m 以上（Veneziano，2002）。这些高分辨率 DEM 数据可以链入 GIS，用以提供直观的洪水淹没程度和洪泛区基础设施信息。

2.2.5　其他信息和数据

　　随着洪水预报模型的不断发展，需要考虑如何使用各种各样的数据和信息，以及如何将这些数据和信息用于洪水预警系统。诸如地质、土壤和植被（土地利用）等物理数据也可用来率定水文模型参数。其他有用的信息可能包括：

　　（1）风险定居点的人口数据。

　　（2）风险财产的详细目录。

　　（3）水库和防洪设施的控制规则。

　　（4）关键的交通、电力和供水设施的位置。

（5）系统的灾后评估。

2.3 基础设施和人力资源

2.3.1 基础设施

洪水预报预警服务需要有一个运行中心与各分站及服务对象保持联系，本节将探讨服务运行及人员工作所必需的物质需求。

洪水预报预警服务的设施通常放置在上级政府部门所在的大楼内。即使预报预警服务人员可能有自己的办公场所，也必须有专门指定的房间供设备运行和职守人员工作，其必须有足够的空间摆放办公桌、电脑终端、计算机工作站、数据显示设备以及打印和复印设备。如果需要与各分站进行无线电联系，相关运行人员还要有单独的房间进行工作，以免干扰其他工作人员。

应提供一个单独的房间放置电脑和遥测设备，因为要想将洪水灾害的风险降到最低，确保高质量的运行环境条件至关重要。所需环境条件如下：

（1）控制温度和湿度的空调。

（2）防尘设备。

（3）便于维护和有益于空气循环的机架安装设备。

（4）保护运行人员安全和避免意外损坏的管道电缆。

需要提供一个配有直线电话、传真机和上网设备的办公室，因为运行人员在紧急情况下可能需要与外界及高层保持联系。有些单位还需要一个配有广播和电视传输设备的简报室以便与媒体接触。

洪水预报预警中心必须能够全天候联系值班人员，尤其是在下班时间不得不联系相关人员的情况下。如果采取保卫措施，则需要向值班人员提供钥匙、通行证和安全许可证。在洪水预报预警中心所处大楼内，可能需要只供授权员工使用的单独通道。

中心内设施和设备需要有较高的恢复能力。相关设备应该配有不间断电源（UPS），以避免短期供电中断。如果电力供应不可靠，则需要提供备用发电机，其供电能力必须足以维持相关设备运行数小时，并在断电时自动激活启动。

选择洪水预报预警中心所处位置时应避免洪水风险区。洪水来临时应能正常到达预报预警中心，房屋不能进水或严重损坏设备。如果不得不将洪水预报预警中心设置在洪水风险区，则不能把运行中心放置在大楼一层。

即便相关设施具有较高的恢复能力，也必须考虑为洪水预报预警中心提供一个备用位置，以此确保国家重要的运行系统具有安全保障。在英国，相距 200km 建立了两个完全复制的数据管理中心彼此提供水文和气象数据，主要就是为了避免国家电网停电的影响。在一些国家，当地的安全问题可能会使政府出于谨慎考虑而在戒备森严的位置设立一个备用中心，例如在军事基地设立备用中心，以备重大紧急时刻出现内乱时使用。

2.3.2　人力资源

考虑到人员、财产和基础设施所面临的风险及其影响程度，有必要为洪水预报预警单位配备足够的合格工作人员。孟加拉国是少数建有洪水警报中心 30 余年的国家，考虑到洪水对这个国家的意义，这是完全可以理解的。许多国家设立可靠的服务还是近些年的事情。英国就是一个很好的例子，尽管洪水警报系统在英国已经存在多年（主要以人工或自动形式进行河流监测），但从事这项工作的几乎都不是正式员工。根据工作描述，工程师核心团队负有洪水预报预警职责，但这已经不是他们承担的主要角色，他们应该与其他工作人员一起承担各种工作，这是因为许多临时分配来的员工并非水文和河流工程专业出身。

过去 20 年来，立法和水管理机构角色的转变已经给英国带来了明显变化。就英国而言，英国环境局目前拥有两层机构负责洪水预报预警。高层机构的工作重点是洪水预报，其常驻团队负责数据提供、模型的维护和运行以及河流和沿海地区的洪水预报。一个典型大区往往包括多个小区（三个或三个以上），负责解释洪水预报并向公众和专业部门提供洪水预警。在洪水发生期间，整个地区都应保持 24h 运转和联络。2009 年 4 月，英国启用了国家洪水预警中心作为第三层负责机构，该中心与英国气象局一同办公。

2.3.2.1 团队构成实例

在一个典型的地区洪水预报团队内部，需要有 24 名工作人员分 6 班在地区洪水管理预报中心（RFMFC）值勤。每一班次的人员不仅要负责特定区域，还需在必要的情况下负责其他区域。除此之外，地区洪水管理预报中心在从事洪水预报的同时必须能够与外界保持联络。在洪水风险管理永久人员的构成中，水文和建模专业人员应该占绝大部分。

区域洪水预报团队将负责一个或多个大流域。其员工负责的内容包括基础控制、运行和信息等。为他们配备的现场支持人员通常负责处理现场突发事件和设备检查。

2.3.2.2 全国洪水预报

2009 年 4 月，英国环境署和气象局成立了一个涉及洪水预警和极端天气事件的联合运行中心。之所以这样做，是 2007 年在该国发生的严重洪水事件使人们意识到有必要采取协调一致的行动。将这两个机构的专业力量融合在一起，可以根据洪水发生期间的天气变化情况进行最全面的洪水风险评估。英国环境署和气象局利用其技术力量联合进行河流、潮汐、沿海地区洪水以及极端降雨的预报。

英国洪水预报中心（FFC）提供以下服务：

（1）极端降雨预报预警服务。

（2）全国洪水指导（flood guidance）报告。

（3）网络服务。

虽然英国洪水预报中心被要求提供国家洪水指导，但并不影响其根据地区安排进行预报和预警的角色和义务（相关描述见 2.3.2.1 和 2.3.2.2）。

英国洪水预报中心共有 27 个工作岗位。同样，孟加拉国的洪水预报预警中心共有 27 名工作人员，但并没有雇用气象学者。英国洪水预报中心不仅每天为环境部提供日常天气预报，并且每天向主要民事救援人员提供洪水指导报告。当预报有暴雨或者暴雨来临时，该中心还会向环境部提供降水预报，向民事应急救援人员提供极端降雨警报。在高潮汐和风暴发生期间，发布潮汐和风暴潮预报和预警。

2.3.2.3　全国洪水预警机构人员编制的一个需求

如何建立国家和地区洪水预报中心，以及中心建立之后与全国水文气象机构的关系和支持方式，在某种程度上受到现有服务构成和历史责任的约束。没有固定的最佳模式可循，但其必须具备如下能力：

（1）水文预报专家和建模专家。

（2）气象预报专家（在气象管理和水管理分离的情况下，相关气象专家必须了解水文需求）。

（3）信息技术和通信技术专家。

（4）与媒体、公众和政府的沟通。

（5）经营与管理。

（6）研发。

人们现在已经认识到，洪水预报预警是洪水风险及其影响管理中的重要环节，因此需要全天候有组织的工作形式。这已不再是某个机构在完成主要业务（比如公众就业、市政）之外需要临时承担的工作。鉴于洪水预报预警服务非常重要，必须提供充足的财政经费以满足其员工招募、工资和津贴、办公设施和设备的需求。

2.4　建立运行概念

运行概念可以定义为数据、预报技术和用户之间的交互过程。它规定了预报业务系统如何工作以确保满足用户的需求。由于各国预报业务构成有所不同，因此配置业务预报服务可以采用多种方法。然而，要提供满足不同用户需求的服务，需要考虑许多关键因素。运行概念一旦建立，就应在"运行指南"中说明日常运行环境（背景或备用）以及在洪水期间预报服务如何工作。需要提及的几个概念如下：

1. 预报中心的任务

相关机构（可能是一个专业预报中心）提供服务的法律授权和任务，通常是以法定方式规定下来的。对于预报和信息，不同用户可能会有各自不同的需求，例如应急服务机构、民防或应急管理者、媒体、农业、工业、水电部门、水资源和防洪管理者、水运和市政供水部门等。因此必须通过单独部署或服务协议等专门提供所需信息。

2. 通信

包括接收数据和传输预报信息所需的硬件和软件，另外需要与电信公司或管理部门沟通协作，并确保拥有所需的波段运营执照。

3. 水文气象网络的运行

这部分涉及到水文气象网络的定义，包括河流和降水监测站、气象监测网以及雷达和卫星向地传输数据等其他资源。

4. 预报中心

有必要对员工招幕和人员组成做出定义，例如在日常运行或紧急情况发生时，预报中心配备多少技术人员或专业人员。必须明确员工的角色及责任，另外还要说明如何轮班。员工所需教育培训种类需要明确定义。尽管可能并不需要坚持严格的资质条件，但所有员工都能胜任本职工作却是至关重要的。

用户产品定义：产品和信息种类需要满足用户需求，其中包括时间安排和发送的最后期限。将所有产品的实例收纳在运行指南中，有助于培训使用并供用户查询参考。

5. 与气象预报服务互动

这特别适用于洪水预报服务与气象服务相互独立的国家。气象预报服务机构与河流预报中心之间进行密切合作至关重要，这是因为后者非常依赖前者提供的产品。用于给水文预报提供输入的气象数据、预报信息以及分析成果的获取步骤（或系统定义）应在运行指南中加以定义。

6. 运行政策

必须认真考虑预报服务在全面运行和"备用"状态下的政策和

角色。在运行状态下，即主动发布洪水预警期间，预报服务的任务是收集数据、信息质量控制、接收并分析气象预报、运行预报系统、分析现在和未来的水文条件、提供预报产品并分发给用户。在事态严峻时，由于必须在较短的限期内向更多的用户提供更多的预报产品，数据流量和人力资源需求也会相应增加。因此，往往需要延长运行时间来满足不断增长的服务需求。

在充分认识到洪水预报预警的重要性之前，通常相关机构并没有设立专职的预报单位。员工们根据其岗位需要或职责规定充当相应角色，根据形势需求再临时划拨人员。而在一个稳定的预报中心，采取的政策应该是，在没有事情发生时，相应人员应不断维持和提高中心的功能，职责主要包括更新水位流量曲线等基本数据、评估运行效果、率定模型、分析如何提高预报水平、完成预报后评估等。

即便维护方案完备可靠，用于运行的硬件、软件和供电系统也不可能不出任何问题。因此，国家洪水预警服务机构必须建立备用系统，以保证在需要的时候提供可靠的预报服务。备用系统应该能够满足运行的所有需求，其中包括数据收集、预报系统运行（包括硬件、软件和数据的备份）、通信器材、电源（UPS 和备用发电机）、人员通道和安全。强烈建议为备用运行中心另外选址，以应对常规运行中心瘫痪的情况。为避免受到同样不利因素的影响，需将备用运行中心建在完全不同的场所。

确保预报中心可靠运行的关键在于建立一套完善的维护方案。但必须认识到，这可能非常昂贵，在网络分布广泛、远程访问频繁的情况下尤为如此。所有的硬件和软件都必须经常维护，否则系统可能在急需的时候无法工作。因此建议除了专业的预报人员之外，预报中心还应配有系统管理人员负责通信和预报系统软硬件的维护，同时还建议有专门人员负责传播产品的维护。例如，在孟加拉国气象局风暴预警中心的重组提议中，主要建议了 4 个部门分别负责如下工作：

（1）建模和预报。

（2）现场仪器和通信设备的维护。

（3）信息技术硬件和软件的管理。

（4）产品发布和网站管理。

参 考 文 献

Bowler, N., C. Pierce and A. Seed, 2006: STEPS: A probabilistic precipitation forecasting scheme which merges an extrapolation nowcast with downscaled NWP. *Q. J. R. Meteorolog. Soc.*, 132: 2127 - 2155.

Bruen, M., 1999: Some general comments on flood forecasting. In: *Proceedings of the EuroConference on Global Change and Catastrophe Risk Management*: Flood Risks in Europe, Laxenburg, Austria, 6 - 9 June 1999, IIASA.

Todini, E., 2001: A Bayesian technique for conditioning radar precipitation estimates to raingauge measurements. *Hydrol. Earth. Syst. Sci.*, 5: 187 - 199.

Veneziano, D., 2002: *Accuracy evaluation of LIDAR-derived terrain data for highway location.* Center for Transportation Research and Education, Iowa State University.

第 3 章　洪水预报方法和模型

3.1　简介

随着人们对洪水预报在洪水管理中重要性的认识不断提高，防汛部门对洪水预报精度和预见期的要求也越来越高。这意味着以往从观测数据简单外延的预报方法不再能满足需求（Moore 等，2006）。虽然水文模型是所有径流预报系统的核心（Serban 和 Askew，1991），但模型仅仅是决定一个综合洪水预报与预警系统（FFWS）效益和效率的关键因素之一。构建一个合理的洪水预报模型流程如图 3.1 所示。

水文预报是对特定地理位置或河道断面在未来一定时间内的水文情况包括流量、累积水量、水位、淹没面积或者平均流速等要素作出估计。预报的预见期是指预报发布时间和预报事件发生时间之间的时间间隔。预见期的分类比较主观，取决于某一特定地区甚至某一国家范围内流域尺度的大小。比如在美国，通常认为 2～48h 的预见期为短期预报，2～10 天的预见期为中期预报，大于 10 天的预见期为长期预报（WMO - No.49，Volume Ⅲ，2007）。然而在英国，或者在有很多小流域的地区，认为 2～6h 的预见期为短期预报，大于 1 天的预见期为长期预报。预见期为数分钟至 2h 的短历时天气预报，亦即临近预报，通常利用最新观测数据将趋势进行外延。部分地方在暴雨过后数小时之内暴发洪水，还需要突发洪水预报。

降雨-径流模型的目的是利用气象数据和其他数据作为输入进行洪水预报，所以模型或模型库的选择以及预见期内降水的定量预报对降雨-径流模型的应用非常关键。值得注意的是，由于降雨观

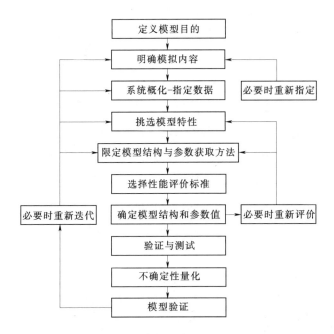

图 3.1 洪水预报模型构建流程

测值和降雨预报值之间存在误差，洪水预报模型里的气象输入是一个相当大的误差源（Moore，2002）。联合运用天气雷达数据和雨量观测数据进行定量降水预报还有不少问题需要克服（Moore 等，2005）。尽管部分预报模型不需要定量降水预报也可以产生有预见期的预报，但应用定量降水预报可以显著提高预报精度（Goswami 和 O'Connor，2007）和有效延长预见期（Arduino 等，2005）。

　　由于流域对于水文气象现象的响应大体相似，所以有可能针对模型的关键点，通过简单合理的改进即可使模型更具科学性。然而，现实中不可能有"一切都适用"的流域模拟和预报方法。产生水文过程的要素本身以及要素之间都有很大的变异性，这些对于模型开发人员的才智、能力和技术资源都是考验。这些变异性导致了模型在某些情况下用得很好，但而在某些情况下却行不通。有人提议概念模型中的模块化方法（O'Connell，1991），即用模型里的子模块来代表产流过程的各个组成部分（如融雪或地下水）。近年来各种模型工具箱的出现给模型结构和变化提供了多种选择。这样也为非模型开发人员的用户创造了建模的条件。模型开发是专家行为，但遗憾的是目前模型开发者和模型从业者之间还存在很大的差距。

世界气象组织的"水文业务综合子计划（HOMS）"促进了对成熟技术的转化，包括基于气象数据的降雨径流预报模型等、降雨径流预报和河道演算联合模型等。这些技术（包括开发、测试以及在日常业务中应用的技术）以技术手册和软件程序的形式收录在HOMS里，可以通过世界气象组织成员的水文服务机构获取。然而很多技术为遗留系统，难以移植并支撑业务运用（见 http：//www. wmo. int/web/homs/projects/HOMS ＿ EN. html）。目前HOMS计划还没有正式程序以支持系统更新或提供应用培训、帮助。

在实际应用中，可根据利益相关者和终端用户对预报的要求来选取预报模型。模型的复杂程度应该和可获取的用于模型率定和运行的数据的实际信息承载能力（Klemeš，2002）一致（O'Connor，2006）。增加模型要素和参数以增加模型的复杂度并不能保证能得到更好的结果（Perrin 等，2001、2003）。逐渐向分布式物理模型或至少可以同时运行的集成简化模型组（即多模型共识法）（Malo等，2007）发展是目前洪水预报预警系统最成功的管理尝试。同时，也应重视由于数据误差、模型结构不合理和次优的参数估计等带来的预报误差。

目前洪水作业预报实践还没有全面反映新的科研进展，根本性的革新不多（Arduino 等，2005）。由于模型预报结果满足用户需求，许多十多年以前的模型仍在洪水预报预警系统中使用，仅有小的改动或界面上的更新。手册中主要介绍模型的主要分类、各类代表模型，以及相应的参考文献，不包括对各种方法和模型以及数学原理的详尽描述。

在水文学领域，除了大量的期刊和会议文献外（Arduino 等，2005；Todini，2007），还有许多教科书对流域模型和洪水预报提供了有益的参考，尽管早期出版的教科书很少侧重实时洪水预报和预警。网络也是日益丰富的参考资源，如电子书籍《综合洪水预报、预警与响应系统》第三章（http://www.unisdr.org/eng/library/isdr-publication/flood-guidelines/isdr-publication-floods-chapter3.pdf）。

3.2 降水驱动的流域模型

洪水预报里降水通常指降雨和降雪。蒸散发对干旱和半干旱地区的流域模拟非常重要，但是对湿润地区影响不大，尽管中小尺度事件里蒸散发是定义初始条件的一个重要因素。大部分概念模型里水量平衡组成都包括了蒸散发过程。比如最近 Oudin 等在法国某流域使用的集总式概念模型中用简单的温度法来估算蒸散发（Oudin 等，2005a，b）。集总式模型中参数为常数，不随空间变化，通常用常微分方程表示；而分布式模型中参数随空间变化，通常用偏微分方程来表示。事实证明温度法是够用的，使用 Penman 法等高资源耗用模型并没有使模拟效果得到很大的改进。3.2 节对流域模型，特别是对定量降雨预报、降雨-径流转换数学模型，以及融雪对径流的贡献进行了介绍。

3.2.1 降水监测和预报

预报模型里降水数据的表现形式为降水输入和可获取的定量降雨预报值。在融雪径流丰富的地区，融雪部分也是必须的模型输入数据。

3.2.1.1 降水

目前定量降水估算和定量降水预报模型的发展仅局限于有限时间分辨率和空间分辨率（Moore 等，2005）。时间尺度通常为 1～3 天，而空间分辨率小于 12km 的预报通常难以得到。当前研发主要致力于拓展预见期为 5～10 天、空间分辨率为 2km 的预报。获取理想预见期内准确的数值降水预报对于利用降雨-径流类流域模型进行一定精度的洪水预报非常重要（Toth 等，2000）。

定量降水预报主要基于以下三个基本系统：

（1）传统的地面雨量观测网。

（2）天气雷达系统，自从引入双极化和多普勒雷达后日益流行。

（3）静止卫星系统，通过对卫星影像进行云分析。尽管这种方法有很大的潜力，但是需要进一步改进后才能在中小流域，特别是在亚热带区域的洪水作业预报系统中进行应用。

可以提供径流预报模型输入的水文雷达系统有：

（1）美国基于 175 个 S 波段的高功率多普勒天气雷达网的新一代雷达（NEXRAD）。

（2）英国环境署使用的由水文雷达系统（HYRAD）负责接收和处理的 Nimrod 产品。

（3）日本由 15 个 C 波段雷达、雨量观测计和卫星数据组成的观测网。

（4）爱尔兰气象局的两个 C 波段雷达系统。

以下为广泛使用的区域数值天气预报模型：

（1）瑞典和爱尔兰的高分有限域模型（HIRLAM）。

（2）英国气象局的中尺度模型（基于统一模型）。

（3）意大利博洛尼亚大学的有限域模型（LAMBO）。

（4）美国华盛顿国家环境预报中心的北美中尺度模型（NAM，前称 ETA），全球预报系统（GFS），中期预报模型（MRF），嵌套网格模型（NGM）。

（5）美国加州蒙特利海军舰队数值气象和海洋中心的海军全球大气预测系统（NOGAPS）。

（6）魁北克蒙特利尔的加拿大气象中心的全球环境多尺度模型（GEM）。

（7）中国香港的业务区域谱模式（ORSM）。

3.2.1.2　融雪

业务系统运行中的融雪模型越来越依赖遥感技术（Maurier 等，2003）。利用遥感来预报融雪径流的方法可大致分为经验法和模型法两类（Engman 和 Gurney，1991）。除了直接的经验法以外，模型法通过调整已有模型和开发新模型两种方式并利用遥感反演的积雪覆盖数据进行融雪径流的模拟和预测。

3.2.2 事件模型和连续模拟

基于事件的模型用于模拟流域暴雨洪水或溃堤溃坝洪水。用概念性事件模型模拟暴雨洪水的传统步骤如下（DeVries 和 Hromadka，1993）：

(1) 计算每个时间节点的子流域面平均降水量。

(2) 通过时变的降水损失部分确定净雨（过剩降水）。

(3) 由净雨（过剩降水）产生直接地表径流过程。

(4) 在地表径流基础上叠加简化的基流。

(5) 河道演算。

(6) 水库演算。

(7) 水文过程线的组合。

严格地说，基于事件的模型需要实时确定或估算实际初始条件或状态。事件模型中由于缺少预热期而引入的主观性会给模型运行带来负面影响。

美国陆军工程兵团水文工程中心（HEC）的水文模型系统（HMS）是目前事件模型中应用最多且功能最全面的软件。HMS 软件和说明文档以及软件和系统支持服务名录可以在 HEC 的网站免费下载（http：//www. hec. usace. army. mil/）。另外在澳大利亚和其他地方广泛使用的是径流演算 Burroughs 事件模型（RORB）（Laurenson 和 Mein）。该模型是澳大利亚莫纳什大学用于估算降雨和河道汇入条件下的洪水过程而研制的径流演算模型（Laurenson，1962；Laurenson，1964；Laurenson 和 Mein，1995）。该模型可以在以下网址 http：//civil. eng. monash. edu. au/expertise/water/rorb/obtain 免费下载 2008 年发布的第 8 版本。RORB 模型是适用于城市和农村流域的分布式非线性模型。更多 RORB 的信息可以登录 RORB@eng. monash. edu. au 查询。

和事件模型相反，连续模型考虑了连续时间内（而非单个暴雨事件）所有流域上的降水以及水在流域内至测站出口间的运动。连续模型相当复杂，因为它既要模拟洪水响应，又要考虑干旱时期水分的消耗。除了基于单位线和简单线性总响应模型（SLM）的模型之外，大部分基于系统理论的黑箱子模型都属于这种类型。

在简化模型里，通常用合理的物理关系或经验公式来关联水文循环的各个子过程。根据空间的变异程度，这些关系要么应用在流域尺度的集总模型，要么在子流域尺度的半集总或半分布式模型，或者是单元格或象元尺度的分布式模型。垂直方向的变化用地下区域或土壤纵剖面层的网格点来表示。

3.2.3　实时径流预报的作业模式
3.2.3.1　非校正模式模型

通常认为非自动校正模式模型在实时模拟中效率较低。同样的模型，区分是在模拟（或设计）模式下还是在实时洪水预报模式下运行非常重要（Kachroo，1992）。对已利用输入（如降雨和蒸发）和输出（如实测流量）数据率定的模型进行以设计为目的的纯粹模拟时，主要是简单地应用模型和实测输入数据生成相应的模拟出流。

实时预报与流量模拟的不同之处在于它是在实时点（定义为预报起始时间）对未来时间点进行流量预报。通常，预报是等时间步长的，即预见期为 1、2、3、…、n 个时间步长，其中预见期为 1 的预报对应提前一个时间步长的预报，如此类推。很明显，预报效率随着预见期的增加而降低。

实时预报有两种可能的情景。其中一种是在包括预报初始点以前的时间段用实际输入值，而在预见期的每个时间步长利用数值降水估算或数值降水预报来进行预报。在这种非校正预报方案里，模型按纯粹的模拟模式运行，不利用已有的实时流量观测数据来校正预报值。这种方法的局限性在于忽略了利用可获取的实测流量以更新预报。这样会不可避免地导致模拟结果同随后实测流量值的逐渐偏移。

对于特定预见期的洪水预报，洪水预报过程和相应实测过程的不一致可能来源于一个或多个预报误差（见 3.2.1.1）。这些误差包括振幅误差、相位误差和形状误差（Serban 和 Askew，1991；WMO 技术报告 No.77，2004），这三种误差的示意如图 3.2 所示。

更新程序及反馈的目的在于使实时非校正模式预报过程中的振幅、相位、形状和总体体积误差最小化。

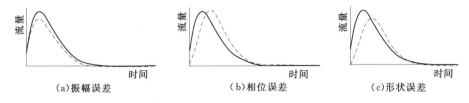

（a）振幅误差　　　　　（b）相位误差　　　　　（c）形状误差

图 3.2　实测水文过程和模拟水文过程的误差类型定义

振幅或体积误差反映了对洪水过程总量过高或过低的估算，这些误差意味着模型在水量平衡或集总代表性方面的结构缺陷，或者是输入/输出数据存在误差，或者更通常是这几种误差的组合。相位误差体现了洪水预报过程在时间上的不准确性，也就是说即使洪水的洪量大小估算很准确，但是洪水过程在时间上要么延迟、要么提前。形状误差同时反映了对体积和时间这两者拟合的不一致性。形状和相位误差通常反映了模型的汇流演算不能对产生的径流在时间域上进行满意的重新分布。

3.2.3.2　校正模式模型

校正模式模型比非校正模式模型更为有效，更适合用于洪水预报。它利用从预报起始点时刻的最新观测流量、最新外部输入（如降雨和蒸发观测数据）以及可获取的预见期内数值降水预报对预报进行校正。对于给定预见期的实时洪水预报校正程序，其目的是在不考虑误差源的情况下利用已观测流量数据减小预见期内流量预报的误差。

模型使用者甚至包括部分模型开发者依旧缺乏对校正预报中，特别是在预见期延长的情况下，不同要素相对重要性的认识。即便是一个模拟效果不好的降雨-径流模型，且数值降水预报质量也很差，依然可以通过有效的校正程序使结果大大改善从而得到满意的预报（Tangara，2005）。但是，有效的校正程序仅可对短预见期的预报结果进行很大改善，对于较长预见期的预报，只能通过改善模拟模式的方法改善预报结果。

以上描述的自动校正过程由于参数没有实时更新，所以为非自校正过程，即直到有足够的数据时才对模拟模型中的参数进行重新率定。在自校正过程的每个时间节点都对模型进行有效的重新率定，比如一旦有新的数据就用卡尔曼滤波法（Szöllösi-Nagy，1976；Szöllösi-Nagy，1982；Szilágyi，2003），对每个连续时间节点里的部分或所有的参数、状态进行调整或更新。尽管这样可以有效地改进预报结果，但是考虑基于该目的所获取数据的质量，从物理机制上很难检验如此短时间内模型的演进。复杂的概念性模型或分布式模型中的自校正过程难度更加大。

3.2.4　降雨-径流模拟模型

有关降雨径流模型的参考文献很多，其中 Todini 教授于 2007 年（缺乏引用）发表的文献由于其综合性、现实性及公正性而特别有价值。同时他在将数据驱动模型（经验的黑箱子模型和引入物理性的概念模型）和更科学的、知识驱动的分布式物理模型这两种主要模拟方法联系起来方面做了可贵的尝试。文献对各种模型的优缺点进行了讨论，并给出了各种模型的应用领域和范围。降雨-径流模型的主要分类如下：

（1）数据驱动的降雨-径流经验模型。

（2）引入物理性的降雨-径流集总式概念性模型。

（3）基于物理过程的分布式降雨-径流模型。

（4）物理性和概念性混合分布式模型。

（5）测量和概念性混合模型。

3.2.5　模拟模式的融雪径流模型

在寒冷地区的许多国家，融雪径流是洪水的重要组成部分，从而需要联合地表融雪模型和河冰水力学模型进行预报。甚至在季节温差小的温带气候国家，如爱尔兰，每年低纬度地区很少会有超过几天的降雪，但历史记录上的部分最大洪水都出现在同时发生异常融雪和极端降雨的年份。这种情况下，融雪的估计成了洪水预报系统的基本组成部分。从单变量融雪指数到完全的能量平衡（Gray

和 Prowse，1993），融雪模拟程序在复杂程度上差异很大。融雪模型通常都是流域特定模型，如果要在其他的流域应用就需要做大量的重新率定工作，也就是说考虑到模型参数，这些模型不具移植性。

3.2.6　实时预报校正模型

利用最新观测数据对预报结果进行校正的方法（Refsgaard，1997；Moore 等，2005；Goswami 等，2005）和程序有很多（Xiong和 O'Connor，2002；Xiong 等，2004；Shamseldin，2006）。虽然这些校正程序在细节或运行模式上各不相同，但本质上它们都是将最新观测的流量数据反馈给水文模拟模型并估算误差并改进预报的精度。校正过程可以是连续的，即在每个时间节点都进行校正，也可以是周期性的，即定期对模型进行重新率定。在前者情况下，模拟模型和校正程序的参数结构和参数值通常都保持不变，改变的只有预报输出。而在后者情况下，在相对较长的时间间隔里要对模拟模型和校正程序进行重新率定。这个重新率定的时间可以是在有大量观测数据的时候，或者是由于人类活动如地表排水系统、土地利用变化或其他等导致流域的物理特性或河流形态发生了变化的时候。由于初始条件的不确定性，事件模拟中的实时预报校正更加凭主观经验进行。图 3.3 为校正程序的示意图（Serban 和 Askew，1991）。感兴趣的读者可以参考 1992 年的作业水文报告（WMO，779）里有关水文模型实时模拟结果的相互比较。

3.2.7　降雨-径流模拟和多模型预报方法

3.2.7.1　多模型模拟场景

传统的洪水预报系统通常都是基于某个独立的降雨-径流模型或者较复杂的复合河网模型。这个模型可能是根据模型效率、对模型的熟悉程度、流域特性以及可获取的数据源等因素从众多模型中挑选出来的。在这种以模型为中心的方法中，预报员的预报很大程度上依赖于所选择的降雨径流模型。很明显，系统完全依赖于某一个降雨径流模型存在着潜在的危险。首先，即使是用同一套数据进

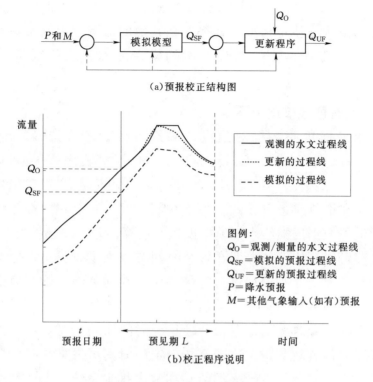

（a）预报校正结构图

（b）校正程序说明

图 3.3　预报校正程序示意图
（来源：Serban 和 Askew，1991；C. Perrin）

行率定，各种模型所产生的预报结果可能在某些细节上互不相同。其次，如果模型不能给出准确一致的预报结果，会破坏它的可靠性并影响用户对它的信心。因此应考虑开发更加灵活的洪水预报系统。该系统将不基于某个独立的降雨径流模型，而是有效利用多个各有优缺点的独立降雨径流模型同步进行预报从而改进径流预报结果。理论上，对多模型预报结果的组合将产生更加准确可靠的预报值，即模型共识。这种预报方法在文献上称为模型组合法、模型集成法、模型共识法、模型小组汇编法或模型混合法，和 3.2.7.3 介绍的集合预报不同。

3.2.7.2　多模型系统

在联合预报系统里，集合多个降雨径流模型的河流预报结果可以生成各时间节点的同步组合径流预报，从而避免了对单个模型的依赖。该法也可以用在同一模型不同参数组产生的集合预报里，具有同样的模型效率。尽管多模型预报系统的开发和应用研究还比较有限，但是这些研究证实了多模型方法在改进洪水预报精度和可靠性方面的潜力。

3.2.7.3 集合或概率预报

可以认为集合预报或概率预报为特定的一类多模型预报。它们基于数值预测方法生成样本以代表动力系统未来可能的状态。集合预报是一种蒙特卡洛分析，即根据过去或当前观测或测量数据，在多个略有不同但都合理的初始条件下进行的多个数值预测。有时集合预报可能会对不同的对象用不同的预报模型。通过多次模拟以考虑预报模型中的两种不确定性：一是由混沌或者对初始条件的敏感性引起的不确定性；二是由于模型本身的不完善引起的不确定性。可以利用多个预报结果里事件的相对发生频率直接估计给定天气或洪水事件的发生概率。相对于水文模型，集合预报或概率预报被更广泛地应用于数值天气预报，多个数值天气预报的概率结果为水文模型提供了最可能的输入方案。在数值天气预报和水文模型中同时应用集合方法会导致结果具有很大的不确定性。

3.2.8 水文模型参数

模型参数可表示各个子过程的功能关系，同时用来定义概念性模型、物理模型和混合物理/概念分布式模型中的子过程。在数据驱动的黑箱子模型中（包括人工神经网络），参数或权重简单定义了模型输入和输出的参数关系。在预报校正模型中，如果校正和模拟分开进行，比如校正是基于模拟误差，这样每个校正模型的参数都会和与它耦合的模拟模型的参数不同。但是，如果校正过程嵌于模拟模型中为一个整体，这样就会同时进行校正和模拟的参数率定，从而无法分开评定各过程对预报结果的贡献。

通常两类模型参数值可以直接确定。第一种是有直接物理意义可以直接测量，或通过与流域可量测点理论或经验相关间接估算。理想情况下物理模型的所有参数都为第一种类型。第二种为不能直接测量，通常通过自动优选法进行率定，即在可能的物理局限值或阈值区域寻找最优解使模型模拟结果和观测流量拟合最佳。实际上多数物理模型参数也需要率定，或至少是对部分参数进行微调。相反，黑箱子模型的参数由于没有物理意义，无论在模拟过程还是更新过程亦或是两者联合过程中，所有参数都必须经过率定。Duan等（2003）和 Vrught（2004）对模型率定和率定过程中的参数不确定性给出了系统和全面的描述。

3.3 洪水演算模型

3.3.1 概述

集中蓄水的水库或分布式蓄水的明渠河段通过洪水演算，可以估算入流洪水过程在沿下游河道进行洪水传播时下游某点或多点的洪水量级、速度和形状发生的变化。上游断面的入流过程可能来自于上游流域降雨产流、上游水库泄流，甚至是山体滑坡形成的上游水库。下游断面出流过程的特点是一定比例坦化的洪峰、更长的历时以及洪峰滞时，也就是衰减（Mutreja，1986）。洪水演算有很多有效的方法，包括 Dooge（1986），Beven 和 Wood（1993），Fread（1993）以及 Singh（1996）的方法。

洪水演算技术大致分为水文演算和水力学演算，如图 3.4所示。

目前，已开发了各种具有不同复杂程度和计算要求的演算模型。水文演算多基于河段上游、下游断面水文过程的经验性相关关系，而水力学演算模型从物理上描述了洪水动力特性，如洪水速率和水深为距离和时间的函数，但水力学演算需要详细的河道断面资料且计算量大。作为探索二维动力波洪水演算的先驱，Rehman et al.（2003）对应用于水文模型中的水文和水力学演算方法进行了积极探讨和比较，指出了水文模型对参数进行简单集总的局限性。关于这些模型的总结和评论可以参考（Fread，1993）和世界气象组织技术报告 No.77（2004）。

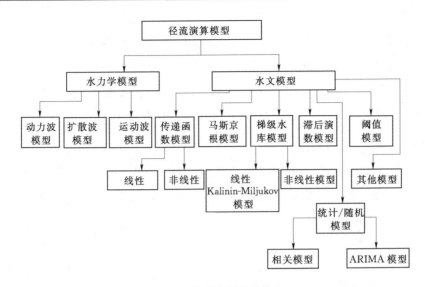

图 3.4 径流演算模型分类

3.3.2 水文演算

水文演算模型可大致分为两类：一是水位-蓄水类用于集中或集总蓄水的水库或湖泊，二是分布式蓄水类，用于河道或窄长型湖泊。这两种类型的模型可以是线性或非线性的或参数或非参数型的。尽管有学者（Fread，1993）认为系统类的黑箱子模型是另一种独立的演算模型，但是这种区分没有必要，因为实际上这种区分是基于模型是否有系统理论基础。水文演算中的所有参数都是集总的，而且只能在确定参数的河道进行应用，这一点和稍后讨论的水力学演算正好相反。应注意这两类水文演算模型有如下特点：

（1）水位-蓄水演算中，假设水面水位与蓄水量呈一一对应关系。水位随时间变化，假设水库的出流是水位的唯一非滞后函数，也就是水库蓄水量的唯一非滞后函数。这种方法可以用在水库无控制的溢洪道出流，如实用堰、宽顶堰、喇叭形泄洪洞等。对于有闸门控制的溢洪道出流，如果出流可以被表达为水位和闸门开启程度的已知函数，也可以应用这种方法（Fread，1993）。改进的 Puls（modified Puls）法、荣格-库塔（Runge-Kutta）算法和迭代梯形积分法是水位-蓄水演算模型的代表。

（2）用于河道的分布式蓄水演算模型考虑了洪水波传递过程中的水面坡降。该类模型中应用最广的是马斯京根演算方法，该法中蓄量-流量关系假设断面总蓄量为菱形蓄量和楔形蓄量的总和。马斯京根演算法模拟缓涨洪水在缓坡到陡坡河流和渠道中传递的精度很高。该类演算方法中还包括"Kalinin-Miljukov"和滞后演算法。

3.3.3　水力学演算

一维水力学演算中流量作为时间的函数在河道多个断面同时进行计算。此种方法是基于对明渠标准一维圣维南方程的求解，即连续方程或质量守恒方程

$$\frac{\partial y}{\partial t}+D\frac{\partial v}{\partial x}+D\frac{\partial y}{\partial x}=q_b \tag{3.1}$$

和无量纲形式的运动方程，即动力方程或动量方程

$$S_f=S_0-\frac{\partial y}{\partial t}-\frac{v}{g}\frac{\partial V}{\partial x}-\frac{1}{g}\frac{\partial y}{\partial t} \tag{3.2}$$

式中　　g——重力加速度；

　　　　y—— 水深；

　　　　V——速度；

　　　　q_b——断面宽度 b 的流量；

　　　　t——时间；

　　　　S_0——渠道底的比降；

　　　　S_f——摩阻比降。

水力演算中假设：

（1）水流为一维。

（2）演算河段长 L 是水深 y 的倍数。

（3）垂直加速度可以忽略不计，洪水波中的垂向压力分布为静水压力。

（4）水密度为常数。

（5）河床和河岸不随时间变化。

（6）河床比降较小（Fread，1993）。

基于完全圣维南方程的水力演算为动力演算。用得最多的动力

演算模型是特征线法和直接法。特征线法首先将质量和动量方程进行等价变换，化为四个常微分方程，再用有限差分近似来求解。虽然概念上很简洁，但是在实际应用中此法与相对简单的直接法相比优点不多。直接法可以是显式，也可以是隐式的。显式方法中，微分方程组化为代数方程组，在每个时间节点对每个断面的速度和水深按顺序求解。隐式方法中，微分方程组化为代数方程组，在每个时间节点对所有的断面同时求解。考虑到计算效率隐式方法比显式方法更常用。也可以用有限元方法替代有限差分格式来求解圣维南方程，但多用于二维或三维流量计算。尽管求解如溃坝洪水等弗鲁德数很大的急变流时需要完整的动力方程，对于常规演算来说，简化形式就足够了。因此，简化的圣维南方程（如扩散波方程、运动波方程）被广泛使用。

可以参考 Singh（1996）和 Knight 和 Shamseldin（2006）以更详尽地了解水力河道演进方法，包括变参数和非线性变化的马斯京根—康吉法（Muskingum-Cunge）以及其他特定事件的扩散波逼近法（如 Nash 马斯京根模型改进版的 Koussis 模型，以及 Kalinin 和 Milyukov 模型）。

3.4 流域演算组合模型

流域模型用于模拟流域响应以计算某点的径流。根据模型的类型和尺度，该径流可以是水文响应单元（HRU）（即一个景观小块或一个分布式模型的栅格单元）出流，也可以是子流域出流或整个流域出流。该径流根据模型类型和应用尺度通过各种不同的程序进行演算，最终得到流域兴趣点的模拟水流。

集总的黑箱子流域模型不考虑水量平衡和实际水文过程中入流和出流转换的径流演算。相反，它通过线性或非线性的系统理论把整个过程作为一个完整的集总系统来考虑。概念模型通常包括对各种水量平衡模块产生的径流成分进行一个或多个演算要素的显式径流演算。一些模型里的径流成分通过一个或多个蓄水元素，如串联水库（由系列线性水库组成）和平行的单一线性水库联合进行演算。如在土壤水分和演算（SMAR）概念模型里，将纳什（Nash）等量串联水库和一个单一线性水库平行运用，前者用来演算地表径流的快速响应，后者用来演算地下径流的慢响应。经典的 Sugawara 水箱模型里（Sugawara，1995）没有明确的洪水演进过程。他把四个水箱的出流分别当做地表径流、壤中流、浅层地下径流和深层地下径流（基流），这些组成了流域出口的总出流。尽管水箱模型提供了一定的滞后时间，但与其他模型相比还是不够长，所以还需引入一个明确的滞时。

分布式概念模型和物理模型纳入了显式演算元素。如新安江概念模型（Zhao，1980；Zhao 和 Liu，1995）里，壤中流和地下径流通过线性水库演算后和地表径流一起形成河网的入流。用经验单位线卷积或滞后演算法进行该入流在子流域的河网演算，其结果为子流域的出流。最后，子流域的出流通过马斯京根连续河段演算模型生成流域出流。其他分布式模型包括 TOPMODEL（Beven 和 Kirkby，1979；Beven，1997 a，b）以及地形运动学近似与集成模型（TOPKAPI：Ciarapica 和 Todini，2002；Todini 和 Ciarapica，2002）。多瑙河畔的 Hungarian 预报服务中心积累了几十年的利用离散线性级联模型（DLCM）进行洪水演算的经验。

3.5　特定事件模型

3.5.1　风暴潮

风暴潮由低气压和强风联合引起，导致海平面上升。气压下降10hpa 大约会引起海平面上升 10cm，取决于海床的地形和低气压移动的速度。低气压（如飓风）对远离海岸的深水区域影响有限。近岸带波浪、潮流等海洋动力作用加强，风暴潮的强度增加。如1989 年飓风雨果在美国海岸引起 6m 的风暴潮，而在远海，海水上升不到 1m。

统计模型和动力模型都可以用来预报风暴潮。统计模型需要较长时间的海平面连续观测数据，以使模型能根据大气预测因子进行微调。尽管这类模型计算快捷，但只能对有观测记录的地点进行预报。随着计算方法的发展，目前可用动力模型来完成沿海岸带风暴潮的预报。日趋成熟的风暴潮数字模型预报技术，已成为作业预报方法的基础。而另一方面确定性模型主要是对代表各种物理过程的方程进行求解。这些模型都需用历史数据进行校正，并根据环境物理特点（如摩阻）和水流特性（如湍流）来调整部分参数值。模型计算耗时较长，同时用户必须有丰富的模型应用经验。

同样的模型可以用于河口。一些管理部门或水位预报服务部门主要用统计模型来建立河口和其他敏感地区的相关关系。法国吉伦特河口的高水位预报服务部门依旧根据韦尔东河的数据记录用统计模型对波尔多港口进行预报。这些模型只能在有观测数据的地点进行应用。

新技术的发展促进了新的确定性模型的应用。在以前这些一维、二维和三维模型由于计算繁琐等不便而不能在预报中得到应用。这些模型与海上使用模型一样，但是要考虑河口底部和岸堤的摩阻系数，河水和海盐混合时水密度的变化，以及高浓度淤泥的存在。

3.5.2 突发洪水

突发洪水是由于降雨过多或溃坝引起的暴涨洪水。降雨引起的突发洪水通常为致洪降雨过后几个小时内在山区或特别不透水区域（见3.5.3）产生的洪水。尽管多数突发洪水为暴雨引起，自然（如冰坝或堰塞坝）或人工大坝的溃决也会导致大量水体在短时间内宣泄从而引起下游灾难性的后果。

突发洪水破坏性极强。根据2005年以前10年资料估计，每年突发洪水引起的损失和死亡人数分别约占洪水造成的年均损失和死亡人数的50%和80%（美国国家海洋和大气管理署-美国国家天气局，2005）。对于全球而言，突发洪水引起的死亡人数与其他洪水相比格外偏高。Jonkman（2005）报告说突发洪水引起的死亡数量占总影响的4%，而其他洪水引起的死亡数量低于1%。气候变化影响揭示强降雨事件的加剧导致了突发洪水的发生。

突发洪水应按水文气象事件来应对，而不仅仅是单一的水文事件，以获得一定的预见期。实时联合气象和水文服务对突发洪水的可靠预报和预警十分必要。同样，突发洪水预报和预警服务需要连续不间断的运行（1 天 24h、一周 7 天）。成功的突发洪水数值预报模型需要及时应用大量的局部降水和流量信息，以及有效的耦合系统（或模型）对降水和流量进行短期预报（Georgakakos，1986）。准确且可靠的预报需要小空间尺度上的精确数据和预测值。有必要考虑遥感平台（雷达和卫星）提供的连续空间监测的误差属性和分布式水文模型生产的分布式空间预报的误差属性。这在突发洪水预报中对预报不确定性从而进行及时有效地沟通非常重要（NRC，2006）。

3.5.3　城市洪水

预测到 2025 年城市人口将会增加到 55 亿，约占总人口的 61%。洪泛区的持续城镇化进程增加了大量生命和财产的损失，且日趋严峻（NRC，1991；Chagnon，1999）。因此，迫切需要推进全球城市水资源管理（WMO，1994；Pielke 和 Downton，2000；Dabberdt 等，2000）。关于城市水文和水资源管理有大量参考文献（如 Urbonas 和 Roesner，1993；Kovar 和 Nachtnebel，1996；Dabberdt 等，2000）。城市水文的特点一是大面积的不透水或近似不透水区域，二是自然和人工排水系统（如下水道、堤防、水泵以及滞洪区）并存。因此城市的降雨产流具有不均匀性和很大的变异性，水流和污染物加速流动，进而加大出口洪峰。由于城市区域不能有效地消减降雨的波动性，所以降雨的时空变异性将转化为径流的时空变异性。人工排水系统以及对自然排水体系的改造导致洪峰的提前和叠加。考虑到水文影响，对重现期为 5 年一遇洪水到 100 年一遇洪水的洪水事件（即在给定的年份里发生该量级洪水的概率为 20%—1%）的预报、防控以及伴随的水质问题将变得更加严峻。

考虑到这些特点，城市区域有效的洪水管理需要高空间和高时间分辨率的数据、模型和控制工程（Dabberdt 等，2000）。因此，需要联合天气雷达数据、地面自动雨量数据（Cluckie 和 Collier，1991；Braga 和 Massambani，1997；Georgakakos 和 Krajewski，2000）、GIS、数字地形数据和分布式水文模型（Kovar 和 Nacht-nebel，1996；Riccardi 等，1997）来开发城市径流预报和管理系统。在城镇化高速发展的对流暴雨地带，更需要开发高分辨率系统。

城市洪水主要由两种诱因导致。一是河流洪水漫堤形成的城市淹没，一般会有特定水位预报；二是由于局部排水形成的突发洪水（雨洪）。第二种情况下，城市区域的强降雨会导致街道、低洼地区、老河道、地下通道以及高速公路上的沉陷区域发生突发洪水。通常会因为残渣堵塞管道或渠道的入口或滞洪区的出口而使洪水加剧。城市洪水可采用类似突发洪水的洪水预警方案，包括局地突发洪水自动预警系统或基于全国的突发洪水指导系统。也可以利用高分辨率的地形、排水网（自然或人工）以及已建水利工程的数值空间数据库，专门定制城市环境下的突发洪水指导。

3.5.4　水库洪水防控

滞洪水库可以在洪水防控中起到关键性的作用。为了实现对滞洪水库的优化调度，需要在水库蓄水和泄水时对上游入流进行可靠的预报。

对于多数以供水为主要目的水库，洪水调度是水库管理的一个重要组成部分。水库设计时确定水库最低消落水位（MDDL），以满足水库利用的各种目标。洪水多发生在雨季，即使在蓄满状态下，水库也会消减入流洪水过程，通过控制或非控制的溢洪道泄流形成洪水出流。水库设计时已确定各种水位〔最高为最高蓄水位（MWL）〕下的特征蓄水量和出流量。在发生特大洪水时，可能会因为超过设计能力而放水。水库调度取决于大坝下游地区的防洪形势，如果下游地区防洪形势在雨季已经非常严峻，水库的池水将会造成毁灭性的影响，这时必须采取有效的管理措施和防洪方案。

基于风险—效益分析设计的控制方法，为使蓄水力效益最大化设计了调度策略或调度曲线。以往通常根据水库蓄水现状来进行调度。在缺乏入流预报的情况下，引入不确定性分析以更有效的对水库进行调度，提高防洪能力。

相反，以防洪为主要目的的水库，水库水位通常维持在最低水位以容纳各种洪水。根据下游河道的行洪能力逐渐池水使水流在河槽安全传播。在前一场洪水通过以前，下一场入流洪水会在水库短暂蓄留直到前一场洪水完全通过后再进行泄流，如此循环。

对于多功能水库的防洪调度，入流洪水预报是其必要条件。由于下游区域的洪水不仅仅来源于上游水库放水，因而有必要对水库入流洪水和下游河流区域进行联合预报。必须对水库下游的防洪预案进行评估以决定水库的池水量，从而避免加剧下游防洪形势。通常该类洪水调度的目的与其说是拦截洪峰，不如说是确保下游防护区的洪水在允许滞时内得到最大程度的消减。

对于河道上多个串联水库，或同一条河不同支流上多个水库的情况，水库的调度变得更加复杂，但也提供了更多的灵活性。上述情形必须将所有水库作为一个整体系统来考虑，对所有水库的协同调度执行效率更高。

有关水库调度模型和技术的参考文献种类繁多（Bowles，et al.，2004，水库泄流预测模型；Mariño、Mohammadi，1985，单一水库月调度模型；Mohammadi、Mariño，1984，水库群和多功能水库的日调度模型；Bonazountas、Camboulives，1981，多功能水库群大尺度优化调度技术；Rohde 、Naparaxawong，1981，水库调度原则确定技术；Güitrón，1981，基于动态规划模型的单一多功能水库优化调度）。

3.6　模型来源

在条件许可的情况下，模型可由洪水预报中心或研究机构来开发。然而由于模型和系统管理的复杂性，现在这种开发模式已经不多，更通常的做法是将模型委托给专业咨询公司去开发。这样除了模型的开发和应用费用，还必须有模型的运用许可费以及运维和升级费用。另外可以通过互联网获取比较成熟的模型。很多模型都支持免费或付费下载。然而这种来源的模型通常不提供技术支撑、培训和后续开发。

推荐相关模型软件网址如下：

http：//www. wmo. ch/web/homs/projects/HOMS ＿ EN. html
（WMO HOMS）

http：//www. sahra. arizona. edu/software/index ＿ main. html
（SAHRA Hydroarchive）

http：//www. toolkit. net. au/cgi-bin/WebObjects/toolkit（eWater Catchment Modelling Toolkit）

http：//www. usbr. gov/pmts/rivers/hmi/（United States Bureau of Reclamation Hydrological Modelling Inventory）

http：//effs. wldelft. nl/index

在美国，Sacramento 模型被国家天气局用以洪水分析，特别是用在实时洪水预报和预警中。在加拿大，包括积雪、融雪成分的多种连续模拟模型被用来对大型关联水库系统进行管理。

在英国，已经由各流域管理机构自行开发模型整合成为一个完整的系统，即开放的架构系统。该系统的核心模型结构可以由资源洪水模拟专家提供，也可以是已有系统（传统系统）的集成。为了增加洪水预报的预见期，该系统耦合了英国气象局先进的数值天气预报模型。该系统的最新版本 STEPS 集成了数值天气预报和雷达降雨数据。

在德国，特别是在莱茵河、美茵河和莱希河多用连续洪水模型，部分情况下，比如莱茵河的科布伦茨和 Kaub 河段，用维纳滤波器。在法国（如卢瓦尔河、塞纳、加伦河和索恩河）主要使用基于格勒诺布尔大学开发的传递函数识别技术的事件模型（Nalbantis 等，1988）。

在意大利，ARNO 模型作为欧洲实时洪水作业预报系统（EFFORT）的核心模块已被使用多年。ARNO 模型以线性抛物方程进行流域坡面汇流和河槽汇流演算。ARNO 模型最初为中国的富春江而开发，其后成功应用于德国的多瑙河以及意大利的多条河流上。最近几年，基于多传感器降雨观测集成项目（MUSIC）框架，EFFORT 系统纳入了具有物理意义的分布式 TOPKAPI 模型，并在意大利的阿诺河、雷诺河和另外 9 条较小的河流上实时运行。

在多数东欧国家，基于世界气象组织 HOMS 协议，可以直接或通过世界气象组织-联合国开发计划署的国际合作项目获取多数降雨-径流计算模块 [CLS、Natale 和 Todini，1977；SACRA-MENTO；流量合成及水库调度（SSARR）；TANK；连续 API，Sittner 等，1969]。

在孟加拉共和国，洪水预报和预警中心充分利用 GIS 技术对 MIKE 11 FF 模型里需要的水位和降雨状态进行展示。该中心将一维完全水动力模型（MIKE 11 HD）和概念性集总降雨径流模型（MIKE 11 RR）联合应用于国内主要河流和洪泛平原，同时在次级流域上应用降雨径流模型生成入流。

在韩国，基于 GIS 开发的 B/S 韩国洪水监测与预警系统（KFMWS）从 1987 年起为五大主要河流服务，目前该系统被推广到其他次级河流运用。

湄公河委员会（MRC）目前运用数学模型（流量合成和水库调度模型，回归模型，人工神经网络模型），根据 37 个水文站和 22 个雨量站的日观测数据，在雨季对干流 20 多个站点进行提前 3 天的洪水预报。

中国基于多个模型大力发展国家洪水预报系统。在洪水期，水利部水文情报预报中心基于 3000 多个分布全国的雨量站信息，利用国家洪水预报系统每 6h 对全国 7 大江河（包括长江、黄河、淮河、松辽、珠江、海河、太湖）进行实时洪水预报。该系统包含新安江模型、API 模型、Sacramento、Tank、SMAR 和 SCLS 模型等众多模型。中国洪水预报系统中应用的洪水预报模型见表 3.1。

在美国，国家海洋大气管理局的国家天气局负责国内河流的洪水预报。国家天气局的河流预报系统（NWSRFS）在 13 个河流预报中心进行运用，该系统包括 30 多个水文模型。除了 NWSRFS，天气服务预报办公室还用到多个突发洪水预报模型，该模型一周 7 天、每天 24h 不间断运行，以提供对全国或重要地区突发洪水的预报预警。

表 3.1   中国洪水预报系统中应用的洪水预报模型

序号	洪水预报模型	序号	洪水预报模型
1	新安江模型	10	SMAR 模型
2	API 模型，AI 模型	11	NAM 模型
3	江湾径流模型	12	Tank 模型
4	河北暴雨洪水模型	13	Sacramento 模型
5	陕北模型	14	SCLS 模型
6	半干旱地区新安江模型	15	指数衰减法
7	辽宁模型	16	退水曲线法
8	双衰减曲线模型	17	单位线法
9	双超产流模型		

参 考 文 献

Beven, K. J., 1997a: TOPMODEL: A critique. *Hydrol. Processes*, 11 (9): 1069 – 1086.

——, 1997b: *Distributed Hydrological Modelling: Application of the TOPMODEL Concept*. Chichester, John Wiley and Sons.

Beven, K. J. and M. J. Kirkby, 1979: A physically-based variable contributing area model of basin hydrology. *Hydrol. Sci. Bull.*, 24 (1): 43 – 69.

Beven, K. and E. F. Wood, 1993: Flow routing and the hydrological response of channel networks. In: *Channel Network Hydrology* (K. Beven and M. J. Kirkby, eds). Chichester, John Wiley and Sons.

Bonazountas, M. and J. – M. Camboulives, 1981: Multidecision analysis for large-scale rive-basin reservoir systems. *J. Hydrol.*, 51: 139 – 149.

Bowles, D. S., J. D. Mathias, S. S. Chauhan and J. D. Countryman, 2004: Reservoir release forecast model for flood operation of the Folsom Project including pre – releases. In: *Proceedings of the 2004 USSD Annual Lecture*, St. Louis, MO, United States, March 2004.

Braga, B. Jr. and O. Massambani (eds), 1997: *Weather Radar Technology for Water Re-*

sources Management. Montevideo，UNESCO Press.

Chagnon，S. A. ，1999：Record flood-producing rainstorms of 17 - 18 July 1996 in the Chicago metropolitan area. Part Ⅲ：Impacts and responses to the flash flooding. *J. Appl. Meteorol.* ，38：273 - 280.

Ciarapica，L. and E. Todini，2002：TOPKAPI：a model for the representation of the rainfall-runoff process at different scales. *Hydrol. Processes*，16（2）：207 - 229.

Cluckie，I. D. and C. G. Collier（eds），1991：*Hydrological Applications of Weather Radar*. New York，Ellis Harwood.

Dabberdt，W. F. ，A. Crook，C. Mueller，J. Hales，S. Zubrick，W. Krajewski，J. C. Doran，C. King，R. N. Keener，R. Bornstein，D. Rodenhuis，P. Kocin，M. A. Rossetti，F. Sharrocks and E. M. Stanley Sr. 2000：Forecast issues in the urban zone：Report of the 10th Prospectus Development team of the U. S. Weather Research Program. *Bull. Am. Meteorol. Soc.* ，81（9）：2047 - 2064.

DeVries，J. J. and T. V. Hromadka，1993：Computer models for surface water. In：*Handbook of Hydrology*（D. R. Maidment，ed. ）. New York，McGraw-Hill.

Dooge，J. C. I. ，1986：Theory of flood routing. In：*River Flow Modelling and Forecasting*（D. A. Kraijenhoff and J. R. Moll，eds）. Dordrecht. D. Reidel Publishing.

Duan，Q. ，H. V. Gupta，S. Sorooshian，A. N. Rousseau and R. Turcotte（eds），2003：*Calibration of Watershed Models. Water Science and Application Volume 6*. Washington，American Geophysical Union.

Engman，E. T. and R. J. Gurney，1991：Recent advances and future implications of remote-sensing for hydrologic modelling. In：*Recent Advances in the Modeling of Hydrologic Systems，Proceedings of the NATO Advanced Study Institute on Recent Advances in the Modeling of Hydrologic Systems*，Sintra，Portugal，10 - 23 July 1988（D. S. Bowles，ed. ）. Dordrecht，Kluwer Academic Publishers.

Fread，D. L. ，1993：Flow routing. In：*Handbook of Hydrology*（D. R. Maidment，ed. ）. New York，McGraw-Hill.

Georgakakos，K. P. ，1986：On the design of national，real-time warning systems with capability for site-specific flash flood forecasts. *Bull. Am. Meteorol. Soc.* ，67（10）：1233 - 1239.

Georgakakos，K. P. and W. F. Krajewski，（eds），2000：Hydrologic Applications of Weather Radar. *J. Geophys. Res. -Atmospheres*，105（D2）：2213 - 2313. Special Issue.

Goswami，M. and K. M. O'Connor，2007：Real-time flow forecasting in the absence of quantitative precipitation forecasts：a multi-model approach. *J. Hydrol.* ，334（1 - 2）：125 - 140.

Goswami，M. ，K. M. O'Connor，K. P. Bhattarai and A. Y. Shamseldin，2005：Assessing the performance of eight real-time updating models and procedures for the Brosna River. *Hydrol. Earth Syst. Sci.* ，9（4）：394 - 411.

Gray，D. M. and T. D. Prowse，1993：Snow and floating ice. In：*Handbook of Hydrology*（D. R. Maidment，ed. ）. New York，McGraw-Hill.

Güitrón，A. ，1981：Hydroelectrical model for optimal operation of a single multipurpose reservoir. *J. Hydrol.*, 51: 67 – 73.

Jonkman, S. N., 2005: Global perspectives on loss of human life caused by floods. *Nat. Hazards*, 34: 151 – 175.

Kachroo, R. K., 1992: River flow forecasting. Part 5: Applications of a conceptual model. *J. Hydrol.*, 133: 141 – 178.

Klemeš, V., 2002: Risk analysis: the unbearable cleverness of bluffing. In: *Risk, Reliability, Uncertainty and Robustness of Water Resources Systems* (J. J. Bogardi and Z. W. Kundzewicz, eds). International Hydrology Series (UNESCO). Cambridge, Cambridge University Press.

Knight, D. W. and A. Y. Shamseldin (eds), 2006: *River Basin Modelling for Flood Risk Mitigation*. London, Taylor and Francis Group.

Kovar, K. and H. P. Nachtnebel (eds), 1996: *HydroGIS'96: Application of Geographic Information Systems in Hydrology and Water Resources Management*. IAHS Publication No. 235. Wallingford, IAHS Press.

Kuo, C. Y. (ed.), 1993: *Engineering Hydrology*. New York, American Society of Civil Engineers.

Laurenson, E. M., 1962: *Hydrograph Synthesis by Runoff Routing* (PhD thesis). Water Research Laboratory, University of New South Wales.

——, 1964: A catchment storage model for runoff routing. *J. Hydrol.*, 2: 141 – 163.

Laurenson, E. M. and R. G. Mein, 1995: RORB: hydrograph synthesis by runoff routing. In: *Computer Models of Watershed Hydrology* (V. P. Singh, ed.). Littleton, Colorado, Water Resources Publications.

Liang, G. C., K. M. O'Connor and R. K. Kachroo, 1994: A multiple-input single-output, variable gain-factor model. *J. Hydrol.*, 155: 185 – 198.

Malone, T., M. Hartman, S. Tes, P. Katry, S. Pich and B. Pengel, 2007: Development of improved hydrological forecasting models for the lower Mekong river basin. In: *Proceedings of the 5th Annual Flood Forum*. Ho Chi Minh City, Viet Nam, 17 – 18 May 2007. Mekong River Commission.

Marino, M. A. and B. Mohammadi, 1984: Multipurpose reservoir operation: 1. Monthly model for a single reservoir. *J. Hydrol.*, 69: 1 – 14.

Maurier, E. P., J. D. Rhoads, R. O. Dubayah and D. P. Lettenmaier, 2003: Evaluation of the snowcovered area data product from MODIS. *Hydrol. Processes*, 17: 59 – 71.

Mohammadi, B. and M. A. Marino, 1984: Multipurpose reservoir operation: 2. Daily operation of a multiple reservoir system. *J. Hydrol.*, 69: 15 – 28.

Moore, R. J., 2002: Aspects of uncertainty, reliability and risk in flood forecasting systems incorporating weather radar. In: *Risk, Reliability, Uncertainty and Robustness of Water Resources Systems* (J. J. Bogardi and Z. W. Kundzewicz, eds). International Hydrology Series (UNESCO). Cambridge, Cambridge University Press.

Moore, R. J., A. V. Bell, S. J. Cole and D. A. Jones, 2006: Issues in flood forecasting: ungauged basins, extreme floods and uncertainty. In: *Frontiers in Flood Research*,

8th Kovacs Colloquium. UNESCO，Paris，June-July 2006（I. Tchiguirinskaia，K. N. N. Thein and P. Hubert，eds）. IAHS Publ.，305：103 - 122.

Moore，R. J.，A. V. Bell and D. A. Jones，2005：Forecasting for flood warning. *C. R. Geosci.*，337（1 - 2）：203 - 217.

Mutreja，K. N.，1986：*Applied Hydrology.* New Delhi. Tata McGraw-Hill.

Nalbantis，I.，C. Obled and J. Y. Rodriguez，1988：Modélisation pluie-débit：validation par simulation de la méthode DPFT（Rainfall-runoff modelling：validation by simulation of the FDTF method）. *La Houille Blanche*，5 - 6：415 - 424.

Natale，L. and E. Todini，1977：A constrained parameter estimation technique for linear models in hydrology. In：*Mathematical Models for Surface Water Hydrology* （T. A. Ciriani，U. Maione and J. R. Wallis，eds）. Chichester，John Wiley and Sons.

National Oceanic and Atmospheric Administration-National Weather Service，2005：*Summary of Natural Hazard Statistics in the United States.* National Weather Service Office of Climate，Water and Weather Services Report. http：//www. nws. noaa. gov/om/ hazstats. shtml.

National Research Council，1991：*Opportunities in the Hydrologic Sciences.* Washington，The National Academies Press.

——，2006：*Completing the Forecast：Characterizing and Communicating Uncertainty for Better Decisions Using Weather and Climate Forecasts.* Washington，The National Academies Press.

O' Connell，P. E.，1991：A historical perspective. In：*Recent Advances in the Modeling of Hydrologic Systems*，*Proceedings of the NATO Advanced Study Institute on Recent Advances in the Modeling of Hydrologic Systems*，Sintra，Portugal，10 - 23 July 1988 （D. S. Bowles，ed.）. Dordrecht，Kluwer Academic Publishers.

O'Connor，K. M.，2006：River flow forecasting. In：*River Basin Modelling for Flood Risk Mitigation*（D. W. Knight and A. Y. Shamseldin，eds）. London，Taylor and Francis Group.

Oudin，L.，F. Hervieu，C. Michel，C. Perrin，V. Andréassian，F. Anctil and C. Loumagne，2005*a*：Which potential evapotranspiration input for a lumped rainfall-runoff model? Part 2 - Towards a simple and efficient potential evapotranspiration model for rainfall-runoff modelling. *J. Hydrol.*，303：290 - 306.

Oudin，L.，C. Michel and F. Anctil，2005*b*：Which potential evapotranspiration input for a lumped rainfall-runoff model? Part 1 - Can rainfall-runoff models effectively handle detailed potential evapotranspiration inputs? *J. Hydrol.*，303：275 - 289.

Perrin，C.，C. Michel and V. Andréassian，2001：Does a large number of parameters enhance model performance? Comparative assessment of common catchment model structures on 429 catchments. *J. Hydrol.*，242：275 - 301.

——，2003：Improvement of a parsimonious model for streamflow simulation. *J. Hydrol.*，279：275 - 289.

Pielke，R. A. Jr. and M. W. Downton，2000：Precipitation and damaging floods：trends in the United States, 1932 – 1997. *J. Climate*, 13: 3625 – 3637.

Refsgaard, J. C. , 1997: Validation and intercomparison of different updating procedures for real-time forecasting. *Nord. Hydrol.* , 28: 65 – 84.

Rehman, H. U. , M. W. Zollinger and G. B. Collings, 2003: Hydrological versus hydraulic routing. In: *Proceedings of the Institution of Engineers 28th International Hydrology and Water Resources Symposium*, Wollongong, Australia, 10 – 14 November 2003.

Riccardi, G. A. , E. D. Zimmermann and R. – A. Navarro, 1997: Zonification of areas with inundation risk by means of mathematical modelling in the Rosario region Argentina. In: *Destructive Water, Water – Caused Natural Disasters, Their Abatement and Control* (G. H. Leavesley, H. F. Lins, F. Nobilis, R. S. Parker, V. R. Schneider and F. H. M. van de Ven, eds) . Wallingford, IAHS Press.

Rohde, F. G. and K. Naparaxawong, 1981: Modified standard operation rules for reservoirs. *J. Hydrol.* , 51: 169 – 177.

Serban, P. and A. J. Askew, 1991: Hydrological forecasting and updating procedures. *IAHS Publ.* , 201: 357 – 369.

Shamseldin, A. Y. , 2006: Real-time river flow forecasting. In: *River Basin Modelling for Flood Risk Mitigation* (D. W. Knight and A. Y. Shamseldin, eds) . London, Taylor and Francis Group.

Singh, V. P. , 1996: *Kinematic Wave Modeling in Water Resources: Surface Water Hydrology*. New York, John Wiley and Sons.

Sittner, W. T. , C. E. Schauss and J. C. Monro, 1969: Continuous hydrograph synthesis with an API-type hydrologic model. *Water Resour. Res.* , 5 (5): 1007 – 1022.

Sugawara, M. , 1995: Tank model. In: *Computer Models of Watershed Hydrology* (V. P. Singh, ed.) . Colorado, Water Resources Publications.

Szilɲágyi, J. , 2003: State-space discretization of the Kalinin-Milyukov-Nash cascade in a sample – data system framework for streamflow forecasting. *J. Hydrol. Eng.* , 8 (6): 339 – 347.

Szollosi-Nagy, A. , 1976: Introductory remarks on the state space modelling of water resources systems. *Workshop on the Vistula and Tisza River Basins*, LLASA, Laxenburg, Austria, 11 – 13 February 1975 (A. Szollosi-Nagy, ed.) . *Res. Mem.* , 76 (73).

——, 1982: The discretization of the continuous linear cascade by means of state space analysis. *J. Hydrol.* , 58 (3 – 4): 223 – 236.

Tan, B. Q. and K. M. O'Connor, 1996: Application of an empirical infiltration equation in the SMAR conceptual model. *J. Hydrol.* , 185: 275 – 295.

Tangara, M. , 2005: *Nouvelle Méthode de Prévision de Crue Utilisant un Modèle Pluie-Débit Global* (A New Flood Forecasting Method Based on a Lumped Rainfall-Runoff Model) (PhD thesis) . EPHE, Paris. http: //www. cemagref. fr/webgr/Download/ Rapports _ et _ thèses/2005 – TANGARA. pdf.

Todini, E. , 2007: Hydrological catchment modelling: past, present and future. *Hydrol. Earth Syst. Sci.* , 11 (1): 468 – 482.

Todini，E. and L. Ciarapica，2002：The TOPKAPI model. In：*Mathematical Models of Large Watershed Hydrology*（V. P. Singh and D. K. Frevert，eds）. Colorado，Water Resources Publications.

Toth，E. ，A. Brath and A. Montanari，2000：Comparison of short-term rainfall prediction models for real-time flood forecasting. *J. Hydrol.* ，239：132 – 147.

United Nations International Strategy for Disaster Reduction（UNISDR）：Integrated flood forecasting，warning and response system. http：//www. unisdr. org/eng/library/isdr-publication/flood-guidelines/isdr-publication-floods-chapter3. pdf.

Urbonas，B. R. and L. A. Roesner，1993：Hydrologic design for urban drainage and flood control. In：*Handbook of Hydrology*（D. R. Maidment，ed. ）. New York，McGraw-Hill.

Vrugt，J. A. ，2004：*Towards Improved Treatment of Parameter Uncertainty in Hydrologic Modelling*（PhD thesis）. University of Amsterdam. ISBN：90 – 76894 – 46 – 9.

Wheater，H. S. ，A. J. Jakeman and K. J. Beven，1993：Progress and directions in rainfall-runoff modelling. In：*Modelling Change in Environmental Systems*（A. J. Jakeman，M. B. Beck and M. J. McAleer，eds）. Chichester，John Wiley and Sons.

World Meteorological Organization，1988：*Simulated Real-Time Intercomparison of Hydrolgie Models*. Operational Hydrology Report No. 38（WMONo. 779），Geneva.

——，1994：*Guide to Hydrological Practices*. Fifth edition（WMO – No. 168），Geneva.

——，2004：*Intercomparison of Forecast Models for Streamflow Routing in Large Catchments*（P. Serban，N. L. Crookshank and D. H. Willis）. WMO Technical Reports in Hydrology and Water Resources No. 77.（WMO/TD – No. 1247），Geneva.

——，2007：*Technical Regulations. Vol. III：Hydrology.*（WMO – No. 49），Geneva.

Xiong，L. and K. M. O'Connor，2002：Comparison of four updating models for real-time river flow forecasting. *Hydrol. Sci. J.* ，47（4）：621 – 639.

Xiong，L. ，K. M. O' Connor and S. Guo，2004：Comparison of three updating schemes using artificial neural networks in flow forecasting. *Hydrol. Earth Syst. Sci.* ，8（2）：247 – 255.

Zhao，R. J. ，1992：The Xinanjiang model applied in China. *J. Hydrol.* ，135：371 – 381.

Zhao，R. J. and X. R. Liu，1995：The Xinanjiang model. In：*Computer Models of Watershed Hydrology*（V. P. Singh，ed. ）. Colorado，Water Resources Publications.

Zhao，R. J. ，Y. L. Zhuang L. R. Fang，X. R. Liu and Q. S. Zhang，1980：The Xinanjiang model. In：*Hydrological Forecasting*，*Proceedings of the Oxford Symposium*. Oxford，United Kingdom，April 1980. IAHS Publication 129. Wallingford，IAHS Press.

第 4 章　洪水预报方法或模型的选择

4.1　模型选择的影响因素

4.1.1　概述

正确理解和定义预报方法或模型的意义是影响预报方法和模型选择的主要因素。在准确定义和透彻理解预报模型机理的基础上，模型的选择取决于可获取的数据源。预报方法有多种，从简单的统计方法到详尽的物理过程模型。

实时洪水预报中，模型的选择还要考虑以下因素：

（1）预报预见期和汇流时间（或洪水演算时的传播时间）。

（2）方法的稳定性。在实时预报中即便退而选择精度略低的方法，也要尽可能避免突发的不稳定性或大的预报误差。

（3）计算时间要求。预报必须及时，以确保洪水管理者和相关响应者的有效决策。通常计算时间上的要求阻碍了精细精准但耗时模型的发展。

4.1.2　模型的选择

对洪水预报而言，没有某种特定类型的模型被认为是最合适的（见第 3 章的模型类型总结），每一类模型都各有优点、缺点。预报的最基本法则是预报模型必须用来降低预报的不确定性和误差。然而模型的选择取决于决策者和模型开发者之间的协调：决策者认为哪种模型更可靠，或者如果决策者没有意见，模型开发者根据先验知识选择最满意的模型。同时也要考虑经费以及通过资金安排购买现成的商业模型等实际问题。购买商业模型时，还得考虑从购买方采购到软件系统的工作周期和环节流程，以及软件系统内在的退化水平。许多特定的细节都会影响某种模型的使用，见框图 4.1～框

图 4.3.

框图 4.1 数据驱动模型

数据驱动模型通常简单易率定，但许多用户担心在模型率定历史数据范围之外应用的可靠性。数据驱动模型一般适用于：

(1) 有观测的河道断面（不适于没有观测的断面）。

(2) 相对较长的数据系列，涵盖了预报量的大部分变化范围。

(3) 与流域汇流时间或水流传播时间相比，预报时间跨度相对较短。

框图 4.2 概念（水文）模型

概念模型在洪水预报中应用最广，很大部分原因是因为概念模型合理描述了水文循环的不同组成部分，对于洪水管理人员（通常是土木工程师）通俗易懂。概念模型通过简单模拟水文过程，同时避免系统工程师惯用的典型数据驱动模型。连续的概念模型适用于：

(1) 有观测的河道断面（通常很难应用在没有观测的断面）。

(2) 相对较长的数据系列，涵盖了预报量的大部分变化范围。

(3) 预报时间跨度与流域汇流时间或传播时间为同一个量级。

事件类模型（区别于连续模型）应用限于已知初始条件的事件，这样初始条件对响应的影响不会有明显变化，如每年洪水通常发生在土壤含水量高的同一时期。

框图 4.3 物理过程模型

物理过程模型用更具体的数学物理方程来模拟水文循环的不同过程，如水体在河道流动、土壤水通过多孔介质流入蓄水层。特别需要指出的是空间分布式水文模型适用于以下情形：

(1) 有丰富的地貌和河流水文形态数据。

(2) 有将预报扩展到无观测资料地点的特定需求。

(3) 模型计算时间足够短可以满足及时预报的要求。

(4) 有空间分布式的降雨输入（如雷达输出的像元数据）。

(5) 空间分布式的降雨输入在流域上呈现明显的空间变化特性。

4.1.3 集总和分布式模型比较

最初的概念水文模型都是集总模型。当时有限的计算资源、流域地貌特性空间信息的缺乏以及有限的点降雨观测都导致了基于区域平均的集总模型。在过去的 10 年时间里许多方面都发生了变化。基于不同空间尺度（通常是 1～5km）格点像元的雷达降雨可以广泛获取。许多国家有了基于 50～500m 网格点（0.0025～0.25km²）的数字地形模型（DTM）、土壤类型和土地利用图。随着计算机性能的指数级提高，极短时间内可以完成对大数据和公式数组的处理。摩尔定律（Moore's Law）提出计算机速度约每隔 18 个月提升一倍，目前的微处理器相较于早期的大型计算机性能得到很大的提高。这些技术促进了大量可以实时运行的分布式水文模型的发展，尽管目前实时作业预报中还很少见到完全分布式模型。目前生产运行的大多数作业水文模型都是集总式的，通常在情况复杂的大型流域将模型配置成半分布式（如 Sacramento、NAM、Xianjiang 和 ARNO 模型）。

尽管掀起了分布式物理过程模型热，目前只有 TOPKAPI 模型在意大利的多条河流（Arno，Tiber、Reno 和 Po 以及其他）的洪水作业预报中得以应用。分布式模型相对于集总式模型的优势在于可以充分利用气象雷达以及数值天气预报模型提供的分布式降雨信息，尽管集总模型的计算更为快捷。相比于集总式模型用试错法或自动参数优化方法进行参数率定，分布式模型中的参数具有物理意义，大多通过物理观测或方程进行快速率定。

两类模型之间比较的关键在于扩展到无资料地区应用的能力。集总式模型的参数由于区域平均失去了物理意义，从而很难与流域的地貌特性进行一致性关联。相反，分布式模型的参数甚至在一定的像元尺寸上（通常在几平方公里尺度）都保留了物理意义，因此可以被应用到其他流域。总的来说，尽管分布式物理模型是大势所趋，但是由于目前半分布式或者集总式模型仍可以提供足够满意可靠的终端产品服务，所以分布式模型应用空间不大。

4.2　支撑模型开发的水文研究

4.2.1　概述

在开发新的洪水预报预警系统时，通常是使用已有的模型，而不是重新开发一个新的模型，已有模型也要通过定制改造以满足需求。对流域水文特性的理解非常有必要，有助于下一章介绍的模型率定和校正。洪水预报和预警系统通常由国家或地区的流域管理机构进行运作，这些机构都有各种历史水文数据采集和处理的经验。然而在洪水研究中也经常会出现没有历史资料的情形。这个问题必须得到重视和研究，为无资料地区洪水模拟提供理论基础。该节内容涉及对洪水水文学、数据需求以及对历史数据的重新评价。

4.2.2　洪水水文学

开发洪水预警的模型和系统时，了解给定流域或河流流域上的洪水成因至关重要。洪水的关键驱动是降水。而流域的大小、形状及地形结构都决定了对降水的基本响应。

土地利用、地质、土壤和植被影响流域对降雨的响应速度，土壤流失和回灌也是洪水响应的主要特征。城镇化程度也很重要，城镇化不仅增加了不透水面积，而且通过下水道、涵洞以及工程河段等措施改变了城市排水体系，从而增加了流域洪水响应的速度。河流和排水工程通过结构的阻水、溢流以及滞洪区的消失也给洪水响应带来了不确定因素。

所有上述特性都可以在一定程度上用不同复杂度的水文学模型和水力学模型的参数进行代表。这些在第 3 章和第 4.3～4.7 节都有介绍。可以通过多变量方程进行较简单的洪水估算，该方程需要通过地图信息或其他空间数据提取对洪水关键组成部分的估算。洪水水文学家对所研究流域特性的透彻理解是洪水精细模拟的基础。流域大小、形状可以通过基础地形图获得，其他自然特性数据也可以通过地质图、土地利用图、土壤和植被图来获取。在更精细的模型中还需要确定人工地物和结构，并通过设计报告和运行手册获取工程运行特征数据。

需要在洪水事件和季节气候的背景下对致洪降水的特性进行充分的研究。显著的致洪降水包括：

（1）短历时，高强度降雨（通常是局地降雨）。

（2）长历时，大范围降雨。

（3）降雪和融雪。

（4）延长期季节降雨（季风天气）。

不同类型的降水在特定的流域上会产生不同的响应。需要对不同类型降水影响的相对重要性进行评价，以确定洪水预警的最优方法。在降雨比较规律、有明显季节降雨模式的地方，可以固定设置降雨和水位观测站网作为洪水预警系统的基础。观测站点可以布设在能提供常规观测且有空间代表性的地点，或洪水风险的重要地点。

在不经常降雨且降雨量级和空间分布有很大变数的地方，不宜设置固定观测网络。这种典型的干旱气候很难用常规的水文学模型和水力学模型来进行模拟。在干旱或半干旱地区常遇问题如下：

（1）雨量站观测不到的局部强降雨，特别是雨量站分布较稀疏时。

（2）流量和水位变化幅度很大的强季节性河流。由于河道情况在每次洪水中和洪水后发生变化，很难通过结构工程或额定测站上的仪器进行观测。

（3）河床水土沿下游河段大量流失的间歇性河流。

（4）洪水导致河道主线发生大的变化且测量设施被水毁。

（5）在沙尘和热浪等恶劣条件下对观测设施的维护和操作。

在上述情况下，相对于传统观测设备，现代遥感技术成为一种更加有用的手段。可以利用卫星或雷达来观测降雨。需要在有洪水风险的合适地点观测河流情势，由于干旱和半干旱地区的洪水发展快速，所以观测数据必须确保足够的预见期。

　　了解流域内的历史洪水非常重要。除了水文和气象归档资料外，也要收集其他大众存档资源，特别是报纸和照片。较早一些的历史资料可以从市政当局、房产档案、甚至宗教制度编年史获得。桥梁和建筑物上的洪痕对了解流域洪水特性和对现在的潜在影响也非常重要。这些非技术性的历史记录不仅在数据资料缺乏的情况下非常有用，在有数据记录情况下，也是对数据记录的校验。只用那些容易获取的电子格式的数据，而忽略了通过科学调研收集的大量信息，是洪水分析中的不好倾向。

　　英国水文学会联合邓迪大学开发了英国水文事件年代记网站（http：//www. dundee. ac. uk/geography/cbhe）。这是一个公共的水文资源库，目的在于通过公众参与扩展水文事件的空间信息，并可以对水文事件的相对严重性进行评估。英国北部大乌兹河流域的部分数据记录的典型条目见表 4.1。完整的数据条目具有大量的历史信息，是观测记录的有益补充，同时也有助于对洪水成因和洪水影响的了解。

表 4.1　　英国北部大乌兹河流域的部分数据记录的典型条目

年	月	详　　情
1866	11	1866 年 11 月 15—17 日，大乌兹河 York 处水位涨至高于正常水位 15ft
1866	11	1866 年 11 月 15—17 日，AIRE 河 Leeds 处水位上涨，超过历史最高水位
1866	11	1866 年 11 月 15—17 日，Halifax（Well Head）处的雨量观测员记录：11 月 13—17 日，降雨 4.25in，其中 11 月 15—16 日，降雨 3.25in，导致 west riding 和 Lancashire 河谷发生毁灭性的大洪水。Calder 河的洪水远远超过历史记录，为最高水位洪水（Calder 河）
1872	6	1872 年 6 月 18 日，Otterburn-in-Craven 雨量观测员记录：沿河水毁的防洪闸、涵洞、小桥汇流而下，进入 Ribble 和 Wharfe 河谷，洪水极为凶猛（Wharfe 河；Ribble 河上游）
1872	9	1872 年 9 月 26—28 日，Yorkshire 北部，雷阵雨和洪水

年	月	详　情
1900	7	1900 年 7 月 12 日，Bradford Beck 淹没面积 10915acre。Bradford Exchange 处下午 3 时 10 分—6 时降雨 1.31in，Beck 上游河段暴风雨发生在城市下游暴风雨开始之前，暴风雨沿着河谷前行，在到达 Brayshaw 之后约 1h25min（下午 3 时 10 分）到达 3mile 以外的 Bradford Exchange。在陡峭高山上 3h 降雨 3.30in。Bradford Exchange 处 20min 降雨 0.86in。这些异常超多的降水淹没了 Amblers 工程以及 Beck 的所有工程，淹没了城市下游的所有商店、仓库、购物街和广场都变成了河流，造成大面积的惨重损失。总之遭到前所未有的破坏和损失。在 Shepley、Bingley、Morton、Ilkley，洪水沿着河道泛滥数英里，将树连根拔起，将巨石移动。在 Ilkley，桥梁和房屋被冲走。在 Bingley，英国中部铁路位于一片汪洋中。在 Sunnydale 和 Morton Beck，2h 内降雨 4in，淹没面积 1000acre，修建于 60 年以前且目前报废的旧水库从未蓄满过水，有 30ft 宽、3ft 高的溢流堰，该次洪水中不仅蓄满，而且 9in 深的水漫溢过整个水库坝顶，相当于 61000ft^3/s 的流量
1901	11	1901 年 11 月 11—12 日，Todmorden 雨量观测员记录：暴雨导致了历史上最大洪水，小镇很多地方的水深达数英尺（Calder 河）

　　早期的地形图显示了现代开发之前的居住地和通信情况，也有用处。地图上显示了不顾洪水风险无节制的城镇扩张、大量工程和道路修建之前的洪泛平原和河流交叉。早期地图甚至也显示了近代史上河流的不同河道。这些信息可以反映河流的动态不稳定性，也揭示了在特大洪水事件中河流改道或河道治理工程失败的可能性。

　　必须深入研究以确定洪水风险的关注重点以及洪水预报预警所需的应对。这些在最近的来源-途径-受体方法中都有描述，如图 4.1 所示。

　　对洪水水文特性的理解必须从流域河流系统拓宽到"目标"。这些目标范围从洪泛平原上分散的互不关联的容易淹没的农村居民地，到财富集中或有医院等关键设施的城市中心。这两类目标都对所接受到的包括地点、洪水的可能范围等必要的警告信息有特定的时间紧迫性要求。为了有效地应对洪水，针对不同的目标需要采取不同的信息提供方法。比如，对农村来说，洪泛区群众需要时间来

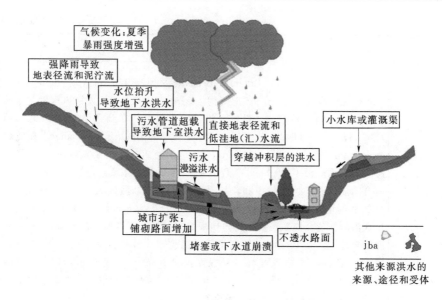

图 4.1　来源-途径-受体方法

转移牲口和财产到高地或专门建造的洪灾避难所。城市区域需要时间对道路进行封锁和分流，以及设立临时的洪水障碍，以备人员撤离。

　　在了解洪水水文特性时，洪峰过后的洪水消退情况经常被忽略。如果能够获得这些退水信息非常重要，首先，可以及时启动紧急车辆和工厂的修复工作；其次，可以让民众回归居住地。多数洪水预警系统根据河流水位设置了"解除警报"或"脱离危险"信号。然而，多数流域的下游特别是河口地区，当高水位消退时仍处于受淹状态。对于地下水补给强的流域，洪水滞留时间可能延长。

4.2.3　洪水分析研究需求

　　以上小节内容提供了定性的洪水分析方法，而定量的洪水分析研究很大程度上取决于测量和计算。定性知识应该总能应用于"真实性检验"。洪水分析是确定研究流域洪水水文特性的基本要求。事实上水文过程线完全集成了降雨和流域特性。当将洪水水文过程与河道容量和洪泛区地形相关联时，就将二维的水位/流量-时间拓展到三维空间维度上。洪水分析研究所必需的信息从以下获得：

（1）日降雨观测雨量站。

（2）相关断面上的水位计或测流设备提供流量观测。

（3）气候数据，特别是提供蒸发损失和水量平衡估算的数据。

（4）通用的地形和土地利用图以确定流域特性。

（5）详细的河流和周边洪泛平原（洪水走廊或功能性泛滥平原）地形查勘。

（6）可能需要更详尽的地形查勘和精确的流量观测以确定洪水风险点。

这些数据为模型研究、率定，以及确定洪水预警系统的需求提供了基础。尽管与通常的洪水研究类似，但作业洪水预报预警系统的重点是需要精确的洪水响应时间以及洪水运动的速度。因此获得流域各部分特别是上游河段的数据集（至少包括降雨和流量）至关重要。基本需求如下：

（1）流域主要上游区域的降雨和径流观测，以确定早期洪水形成。

（2）河流主要汇合处的降雨、径流和时间观测，以确定各子流域的传播时间以及相对权重。

（3）河流上游高风险地区水位、流量及洪泛区特征的观测。

（4）需要精确的水位和时间观测以确定低洼地区的内涝问题。

（5）内涝和城市区域的局部降雨数据，以确定雨洪风险。

在洪水预警地区的每一个子流域都布设观测站点，在经济上是不可行的。如果代表性流域上的观测样本足够丰富，比如包含了城市、农村、陡峭地区和低洼地区的数据，这样建立的模型关系可以用于无资料区域洪水特性的模拟。洪水预警系统里的多数基本的商业模型可以用数据进行模型算法和参数率定，并带有优化技术可以在无资料流域应用。

洪水分析研究中为了建立有效的模型，需要多年的数据以涵盖足够的不同量级及影响的洪水事件。这需要常规数据和特定数据。然而，洪水预警服务中更广泛的大众需求通常由于时间关系来不及进行深入分析和研究。实际上，目前基于模型的现代洪水预警系统由利用人工观测和简单的绘图技术或洪水传播时间以及站-站相关来进行预报的人工预报系统发展而来。现代系统依旧依赖传统方法来维持和改进洪水预报，如 4.2.4 讨论。

4.2.4　支撑模型的持续数据需求

洪水预警模型仅仅是对随时间不断变化的复杂系统的简单表述。通过长期和短期的侵蚀和沉积循环河流河槽系统形态发生着改变。流域特性随时间发生变化，有时候变化显著，特别是在土地利用、城镇化、森林覆盖或者大型的结构工程（如大坝、水库和防洪工程）等方面。因此需对建模时的流域特性进行检查和更新，并根据需要进行重新率定。

在经历多场洪水事件以后，需要对模型参数进行修正或调整。特别重要的是，极端洪水事件和正常洪水事件的任何不同表现都要建立起来。大范围长历时的洪水事件，相对于单一流域的非连续洪水，由于流域和河流系统相互关联，会产生不同的响应。这些都要求经常对模型进行检验和重新率定，特别是在模型运行的前几年。所以模型和预警系统一旦建立就关掉观测站点是不可行的。应该使洪水预报预警系统的财务总监清楚意识到对模型连续支撑和投入的重要性。

推荐的常规做法是定期对洪水预警预报系统的运行状况和模型的重新率定进行总结和评估。建议每次洪水事件过后对野外观测设备进行检查，特别留意仪器或数据传输的故障期。如果每次都这样操作，就很容易发现整个数据采集网络中的敏感部位，以便更好地维护。

在流量观测很重要的地方（相对于简单的水位观测），要特别重视对额定测流断面的率定。对于上游河段和活动频繁的河口常会遇到的游荡型河床的河流，需要频繁的进行流量测验以检验和重新率定水位-流量关系曲线。确保使用最新的水位-流量关系曲线至关重要，这也可能牵涉到对洪水预警河道模型的重新率定。

即使相对稳定的河流断面也可能由于大洪水的侵蚀或沉积发生改变，所以也必须定期进行检查。有时候当模型结果有问题时，有可能是观测数据有问题，比如错误的流量或降雨数据。模型产生不好的结果时第一反应不应是重新率定模型以产生好的结果，而是应从观测数据和模型两方面进行认真的调研查找原因。

堰或超声波断面等测流建筑物用于对设计条件下的流量进行估算，可能不能满足对大洪水，特别是漫堤洪水的测流要求。对大洪水的估算可以通过数学方法对水位流量曲线进行外推，或者通过河道和邻近洪泛平原的水力学模型进行。这两种方法都需要对河流和洪泛平原的横断面进行精确的测量，以及对地表覆盖物使用正确的糙率。需要注意洪泛平原上植被覆盖和河里水草的季节性变化。

通常用水资源管理架构里的测流装置对野外设备和现场进行检查。这些是针对正常情况的常规检查，可能以年或更长时间间隔为周期。但这些常规检查对于作业洪水预警来说是不够的。在洪水预警和正常测流之间还需要特别安排额外的检查和测量。孟加拉国洪水预报和预警中心洪水预警组的高级成员会在大洪水过后或者汛末进行现场勘察，值得借鉴。

4.3 模型率定和数据需求

4.3.1 主要目的

率定的理想目的是去除模型里的所有可能的偏差和噪声。实际上，由于模型输入的数量和质量的局限性，以及模型本身的简化假设，所以在率定模型时一定要注意达到率定目标和统计上的拟合优度之间的适度平衡。有时不得不牺牲后者以达到参数的空间一致性。

对应用于整个流域河流预报的概念水文模型进行率定通常有三个主要目的，如下：

（1）对河流上每个关键预报点的观测水文过程进行拟合。目的是达到拟合最优，误差最小，即所有误差都是随机的，如总体误差、相对流量误差、季节性偏差、流域特定环境（如降雪和土壤含水量）误差等。预报输出的随机误差量绝大部分取决于输入变量

（特别是降水）随机误差。降水表现出典型的空间变异性，其误差是集总模型不能在所有地区产生一致满意结果的主要原因。

（2）模型参数应该起到预期作用。概念模型的设计使参数具有一定的物理意义，模型参数决定了其在模型里所代表的特定过程。模型的设计使每个参数的作用都能在模拟的水文过程的特定部分体现，如水位涨率、洪峰和洪量。为了和模型的物理基础一致，并使得模型输出结果不仅要和历史观测值最优拟合，而且还能在历史系列以外的场景进行正确的外推，每个参数都必须按照设计的预期进行应用。这意味着不应通过调整参数或主观地进行加权对最终输出统计结果进行调整。

（3）不同区域的参数值应不同，如流域内部不同区域（上游源头、局部或子流域）以及周边流域。不同区域参数值的变化应该可以由地形因素、气候条件或水文响应的变化来解释。参数率定的目标不仅是要从物理的角度来看具有合理性，而且是如果遵循了物理机制，应该很容易模拟和理解作业预报中的变化以及对状态变量进行实时的调整。

4.3.2 率定的方法

根据模型种类，有多种方法对水文模型（水文学模型和水力学模型）进行率定。为清楚起见，明确模型率定的含义非常重要。模型率定通常意味着根据选择的模型调整模型参数，以使模型预报值贴近观测值。同样重要的是，要认识到模型参数不一定都有完整的物理意义，但是大部分不确定量反映了所有的误差源。先估算参数后进行模型率定会失去模型率定的本义。如 4.7.2 和 4.7.3 讨论，应推导出参数的完整概率密度。对于物理模型中某些具有鲜明物理意义的参数，模型的代表尺度仅对其产生轻微的影响，这些参数应根据先验知识直接赋值，而不是通过率定来估算。原因在于率定方法在进行参数估算时（特别是应用最小二乘法时），通常设定的目标是保留观测数据中心矩附近的估值，而容易舍弃极值。

水文模型的率定有两种基本方法。多数模型的参数都会有先验估值。具有物理基础的模型（如 Sacramento）的参数初始值可以通过与流域的物理特征如植被、土壤和流域地形等相关来获取，可以作为模型参数的可能值。多数情况下由于有效数据源的短缺，这可能是确定模型参数的唯一方法。两种基本方法如下：

（1）试错法：参数值的变化取决于用户对模型和参数对模型影响的理解。主要通过模拟值和观测值的比较，特别是水文过程线的拟合来决定参数的取值。在有交互式可视化的软件可以调整参数并浏览结果时，这种方法特别有效。当用户主观的认为目标达到的时候，率定过程完成。

（2）参数自动优化法：该法中使用各种计算方法如 Newton（牛顿）法、Rosenbrock（罗森布洛克）法、Simplex（单纯形）法或遗传算法，以使模拟值和观测值达到最优拟合。这些算法里都包含了通过不断改变用户指定的参数取值达到最优拟合的策略。用户通常可以给定参数值的变化区域，以使获得的最优参数更具有实际物理意义。

通常用一个单一统计目标函数（如标准误差最小化）来评定最终结果的精度。有时候优化过程涉及一系列步骤，每一步骤里参数组和目标函数都不同。有些方法中用多目标函数设定多个标准对一组参数同时进行率定，以达到满意的结果。用户可以凭主观选择不同的参数组值。自动优化法多用于单个均一河源小流域的率定，在大流域上用得不多。

上述两种方法最大的区别在于试错法在参数优选时可以保证模型的物理意义，而自动优化法依赖各种算法选取参数值以来达到统计上的最优拟合。两种方法的使用取决于特定的条件。应用试错法的最大障碍是需要花费时间熟悉模型的结构以及如何隔离参数之间的相互影响。对于单个流域，自动优化法在多数情况下都可以比试错法更快地获得好的拟合结果。对于大流域（如整个流域）而言，由于试错法可以对各子流域的参数基于给定的目标分开进行优选，与自动优化法相比效率更高。

4.3.3 率定的基本步骤

流域水文模型率定一般推荐如下五个步骤：

（1）收集信息和数据（包括所有的历史数据，以及可以获得的实时数据）。需要收集如下信息：

1）描述地理特征包括地形、植被和土壤的专题图和数据。

2）对降水、温度、蒸发和雪盖等量值的变化分析。

3）控制工程信息以及对径流的影响。

4）流入或流出流域，或流域之间的分流数据，以及灌溉数据。

也需要当前和未来的预报信息。在收集完所有的信息后，对相关数据进行评价并整理成进一步处理需要的格式。

（2）分析水文要素的空间变异性。率定的第二步是对收集的信息和数据进行分析，以确定水文要素在流域上的空间变异性。这些水文要素包括降水、温度、雪盖等变量以及地形、植被、土壤和地质等流域特征。流域的空间变异性，以及已有的监测设施和洪水高风险地点是确定率定过程中径流观测点的重要因素。了解气候随时间的变化性可以确定分析和处理历史数据的方法。对于大流域，有必要确定是否需要根据高程划分为不同的高程带，或根据地质、土壤或植被的明显变异性划分子流域。这种空间变异分析对预测流域上参数的变化也非常有用，同时也是选择参数初始值或对无资料流域无法参数率定情况下对参数赋值的基础。

（3）分析历史数据以备在水文模型中应用。该步骤的目标是正确的估算参数，可以反映所发生现象的统计特征。必须要全力确保历史数据和作业估算之间的偏差最小。率定分析前的另外一个重要步骤是检查历史记录的一致性、正确性和可靠性。需要对所有的输入系列进行有效性检查，特别是降水和流量观测，以确保参数的现实性。典型分析包括计算各模拟点以上流域的面平均降雨、温度和蒸发。系列分析对于揭示数据条目的统计结构，特别是数据的变化区域和变化率，很有必要。同时洪水过程线的不同形态也可以揭示有无划分子流域的必要，而不仅是根据地形或地质特点凭直觉来决定。这一步里也包括通过调整流量数据来代表分流和其他的因素。通过这样建立的"自然化的"流量系列，可以和其他输入一起通过水文平衡直接进行率定。区域或流域的水量平衡计算是该步骤的重要部分，以确保模型里代表水文循环的各环节在物理上合理一致。

（4）选择率定的流量点和数据记录时期。在率定过程中确定哪些流量点需要进行模拟取决于很多因素，包括可以获取的历史流量和水库数据，以及满足用户所有需求的当前预报点和未来预报点位置。用于率定的记录的长度取决于历史数据特别是降水和流量资料的时间长度。历史发展过程通常是由最初几个站点通过一段时期的发展，再到由于合理化、运行机构的变迁，以及站点不再适宜等原因造成的衰落。目标应该是确定一个合适的时间段，使大部分模拟流域在该时段的优质数据最多。同样重要的是要建立选择时间段里流域内发生的物理变化所带来的影响，包括控制工程或引流工程的建设、灌溉面积的增减，以及植被和土地利用变化。必须区别用于分析流域特性的数据时间段和用于进行率定的时间段。第一种情况下，基于可获取的历史记录长度、观测站网的时间一致性以及预报产品的种类，使用的数据时间段越长越好。第二种情况下，用于率定的数据通常是整个历史记录的子集，选择涵盖大多数数据类型的多年数据。基于数据可信任度考虑，率定期通常选用最近的数据（尽管这也不是必然，最近几年许多国家的可获得数据以及数据质量都在下降）。

（5）将率定成果用于作业系统。最后一步是将数据分析和模型率定的成果与作业系统集成。在将成果进行作业应用时必须确保不会出现和率定中进行历史模拟之间的偏差。作业系统的管理人员必须通过新的数据源、动态数据分析方法和实时模型校正技术将随机误差减少到最小。数据采集网络、数据类型和数据处理方法的不同，以及对状态变量的作业调整都会导致误差的产生。

4.3.4 数据需求

模型率定所需的数据类型和时段长如下：

（1）数据类型。如前所述，流域概念水文模型的率定所需要的数据包括基础信息和历史（统计）数据。基础信息包括标准气候信息和面平均气候信息，后者可以用面分布图（如雨量分布图）表示，以及河流系统的自然空间（地理）和物理信息，如植被覆盖、土地利用，土壤分类和地质。地图或 GIS 图层是存储这些数据的便捷方式。建成环境以及河流控制工程也可以用这种方式表达。历史数据包括所有相关的水文气象数据。通常为时间系列数据，数据的观测或估算周期可以为小时、日或月。分析历史系列数据可以获得变量的统计特性，历史记录以外的极值数据用科学方法来分析（极端事件分析）。同时历史数据可以用来重建历史大洪水事件，获取洪水水深、淹没面积和淹没历时等信息，这些信息对确定模型和实时数据采集系统的结构有很大的帮助。

（2）历史数据长度。利用历史系列对预报模型进行率定没有严格的规则对最优数据记录长度进行规定。总的来说，记录长度越长越好，这样可以涵盖更多的洪水事件。通常气象和水文服务目标的标准时段长为 30 年左右。必须区分模型开发的总体需求和某个预报模型开发的具体需求。具体应考虑以下情况：

1）数据系列时间越长，数据噪声随机性的概率越大，这样可以产生无偏参数值。对于总是出现边际化结果的区域，需要较长的时间系列以涵盖足够多的洪水事件，从而使由于区域上降雨大的空间变异性导致的误差最小。对于总是出现不满意结果的区域，任何长度的时间系列都很难保证高置信度的模型参数。建议用一部分数据来率定模型参数，另一部分数据来验证率定结果。理论上，模型验证的数据长度至少应与率定数据长度一致（WMO 推荐的验证期为 2 年）。4.4 节将对模型验证进行详细介绍。

2）对于物理特征在模型输入系列时间周期里变化不大的流域，该时段里的任何涵盖足够水文变化的部分都可以用来进行模型率定。然而在植被或土地利用发生显著变化的区域，模型率定应选用最能反映当前流域特征时期的数据。

4.3.5　总体需求

要使大规模的率定工作以合理有效的方式达到高质量的成果还要考虑其他重要因素。有个谬论认为，如果洪水预报模型以商业模型为基础，对洪水预报就提供了现成的解决方案。实际上预报相关人员的知识、经验、经历、团队精神和领导能力是一些最重要的要求。有必要最大程度地利用计算工具，并采用经过验证的程序和策略：

（1）知识和经验。率定工作开始时，给团队成员安排足够的时间了解模型的过程及模型开发所在的流域特性非常重要。这些作用会在预报员开始应用模型和程序进行作业预报时得以体现。应该安排有一定模型率定经验的人员对新手进行指导。新手在经过正确的培训和指导以及一段时间的实践（大约 6 个月）后，应能成为一个高效的率定组成员。

（2）团队精神。模型率定和应用过程涉及数据分析、演算模型参数确定、河段水力学模拟、水库调度、操作程序和 GIS 应用的专业人员。模型率定是一项团队工作，集中不同专业人员并充分发挥每个人的才能达到最终目标，这对于成功地完成率定工作非常重要。

（3）领导才能。有个优秀的、能对项目成果进行认真监控和评估的团队领导同样非常重要。领导职务通常最好由率定经验充足，且充分了解模型需求的人员承担。同时他们必须具备和其他组员协同工作，和关注项目结果及成果的组织高层就项目目标、进展和资源需求进行清晰沟通的领导技巧。

（4）计算工具。正确利用一些计算工具可以使率定过程更加高效，这些工具包括进行数据处理的统计分析常规程序，展示信息和生成新数据字段的 GIS 应用，以及可以人机交互可视化输出的图形界面程序。

（5）采用经过验证的程序和策略。率定过程中有时需要创新，但更多的是集成经过多次测试和应用的程序。采用经过测试和验证的模型模块和策略，会使开发程序更加高效，且输出的结果可能质量更好、更有一致性。采用这些程序吸取经验比试着开发新的方法更好。基于上述原因，许多国家和地区的洪水预报系统以国际上可用的标准模型作为基础，这些模型的主要提供者包括丹麦水力研究所、代尔伏特（Delft）水力研究所、英国沃灵夫（Wallingford）公司以及美国的陆军工程兵团。这些机构除了有多年的实践经验以外，还具备技术支撑、解决故障和模型维护的能力。

4.4　模型校正

4.4.1　数值模型校正标准

有效的校正期必须足够长，可以涵盖数场洪水事件，一般 1～2 年。有多种统计方法来确定校正的效率，这些统计方法可以应用到所有的模型计算节点。常用的分析方法有：

均方根误差：

$$RMSE = \sqrt{\dfrac{\sum\limits_{t=1}^{N}(\hat{Q}_t - Q_t)^2}{N}} \tag{4.1}$$

平均绝对误差：

$$MAE = \frac{1}{N}\sum_{t=1}^{N}\left| \frac{(\hat{Q}_t - Q_t)}{Q_t} \right| \tag{4.2}$$

解释方差：

$$EV = 1 - \dfrac{\sum\limits_{t=1}^{N}\left[(\hat{Q}_t - Q_t) - \dfrac{1}{N}\sum\limits_{t=1}^{N}(\hat{Q}_t - Q_t) \right]^2}{\sum\limits_{t=1}^{N}(Q_t - \overline{Q}_t)^2} \tag{4.3}$$

Nash-Sutcliffe 系数：

$$NASH = 1 - \dfrac{\sum\limits_{t=1}^{N}(\hat{Q}_t - Q_t)^2}{\sum\limits_{t=1}^{N}(Q_t - \overline{Q})^2} \tag{4.4}$$

确定性系数：

$$R^2 = \left[\dfrac{\sum\limits_{t=1}^{N}\left[(Q_t - \overline{Q})(\hat{Q}_t - \hat{\overline{Q}}) \right]}{\sqrt{\sum\limits_{t=1}^{N}(Q_t - \overline{Q})^2}\sqrt{\sum\limits_{t=1}^{N}(\hat{Q}_t - \hat{\overline{Q}})^2}} \right]^2 \tag{4.5}$$

式中　t——时间节点；

N——时间总节点数;

$\hat{Q}_t$——第 t 时间节点的计算流量;

Q_t——第 t 时间节点的实测流量;

$\overline{Q}$——实测流量平均值;

$\hat{\overline{Q}}$——计算流量平均值。

由于图形显示能对一定时间窗口的模拟结果和实测值进行快速的比较,从而可以通过对比水文过程线定性评价模拟精度,这种方式可以提供有关洪水预警程度和预见期的有效比较。洪水模拟特别是漫堤洪水模拟里洪量的正确估算非常重要,洪量估算反映了模型模拟降雨和径流相关性的效率。可以用以下参数来检验模拟洪水和实测洪水的形状特征:

(1) 实测洪峰流量和模拟洪峰流量的百分比差,即

$$Q_{\max}[\%]=\frac{\hat{Q}_{\max}-Q_{\max}}{Q_{\max}}\times100 \qquad (4.6)$$

式中 $Q_{\max}$——实测洪峰流量;

$\hat{Q}_{\max}$——模拟洪峰流量。

(2) 洪峰流量的峰现时间差 (h),即

$$\Delta t_{\max}[h]=\hat{t}_{\max}-t_{\max} \qquad (4.7)$$

式中 $t_{\max}$——实测洪峰出现时间,h;

$\hat{t}_{\max}$——模拟洪峰出现时间,h。

对于给定的洪水事件,建议设定一个水位阈值,比较实测洪水和模拟洪水超过阈值水位的历时和水量。这样可以提供洪水预警或危险程度信息,或者洪水超量级别,比如水位超过了水位阈值的 10%。

(3) 洪量误差 (即实测洪量和计算洪量的百分差) 可以估算如下

$$\Delta M[\%]=\frac{|\hat{V}-V|}{V}\times100 \qquad (4.8)$$

$$洪量控制=1-\left|\left(\frac{\sum\hat{V}}{\sum V}-\frac{\sum V}{\sum\hat{V}}\right)\right| \qquad (4.9)$$

$$\text{Chiew and McMahon 系数} = 1 - \left[\frac{\sum(\sqrt{\hat{V}} - \sqrt{V})^2}{\sum(\sqrt{V} - \sqrt{\overline{V}})^2}\right] \tag{4.10}$$

$$\text{Willmott 系数} = 1 - \frac{\sum(\hat{V} - V)^2}{\sum(|(\hat{V} - \overline{V})| + |(V - \overline{V}|)^2} \tag{4.11}$$

式中　V——实测洪量；

　　　$\hat{V}$——相应的模拟洪量；

　　　$\overline{V}$——实测洪量均值。

4.4.2　模型图形校正方法

由于图形校正可以对拟合质量进行快速评定，提倡采用多种图形校正方法作为数值校正方法的备选，包括实测数据和预报数据的简单点图、两变量的散点图以及多变量的块图。这些方法很重要，应作为基本的控制检测手段经常使用，同时在使用中可以提高工作人员对模型和数据的理解。

4.4.3　预报校正标准

预报校正与上述的模型校正有所不同。预报校正一度成为成功气象实践的既定特色。有多个方法对预报进行校正，校正的目的在于对模型进行改进和建立决策者对预报的信心。澳大利亚气象局网站 （http://www.bom.gov.au/bmrc/wefor/staff/eee/verif/verif_web_page.html） 对校正方法和原理进行了总结。

水文行业最近开始采纳这些方法和标准，包括如检测概率（PoD）、误报警率（FAR）、相对运行特性（ROC）、Brier 技巧评分（BSS）等技术评分准则。同时在预报的经济效益评估方面也有了进展，如相对值评分（RV）。这些技术应该在洪水预报预警工作中广泛应用，以全面了解水力学和水文模型的特点和特性，提高作业决策能力。

连续度量如偏差（平均误差）、均方根差（RMSE）和平均绝对误差（MAE）都是用数值来度量预报和真实值之间的差别。没有绝对的度量可以形成"好"或"差"的评价。但在经过一段时间的应用以后，可以明确该应用可以接受的范围。通过这些方法可以对连续结果的精度是否得以改善进行评定。

在预报值与某个阈值（数量或时间）相关时，如洪峰预报，就可以基于列联表或分类值法选择使用适当的度量。这些度量可能包括命中率（HR）或检测概率（PoD）、误报率（FAR＝1/发生概率 [PoO]）和预兆得分（TS）或条件成功指数（CSI）。这些度量允许建立一个目标指数，由此可以用命中数、漏报数和误报数来定义理想的成绩，如 75％。以下对度量的解释和使用节选自英国气象局的报告（Golding，2006）：

预兆得分（TS）或条件成功指数（CSI）：TS＝命中数/（命中数＋误报数＋漏报数）。预兆得分由命中率和误报率合成，其中漏报和误报的权重相同，但是忽略了正确拒斥，即事件没有出现并报告"无"。因此它是以事件为导向的，没有考虑极端事件中潜在大的成本-损失率。这个评分可以作为非常规事件预报能力的总体指标。通常，基于 50％的命中率和 50％的误报率，一个有用的预报系统的预兆得分阈值为 33％。

发生概率（PoO）：PoO＝命中数/（命中数＋误报数）；1/PoO＝FAR：对于预报事件，关注点是预报事件实际发生的概率（或者是误报率，即不发生的概率）。对于高影响度事件，误报比漏报更容易接受，这样较低的发生概率是可以允许的。但是，如果发生概率相对实际行动来说过低，通常会被忽略（狼来了的故事）。Golding 的报告中指出小于 10％的发生概率不大可能被认为有用。

命中率（HR）或检测概率（PoD）：PoD＝命中数/（命中数＋漏报数）。如果事件不被预报，也没有减轻措施可以采取，这样即使做了预报也没有效益。如果事件的影响巨大，根据预报可采取减轻风险措施风险，这时命中率是关键的度量。Golding 的报告中假设不考虑其他的度量，小于 33％的命中率对于洪水预报是无用的。

4.5　模型预报中的误差源

模型预报不可避免会受到各种误差源的影响，归纳如下：

（1）模型误差。

（2）模型参数误差。

（3）边界条件误差。

（4）初始条件误差。

（5）观测误差。

（6）预报输入误差。

理论上，应考虑所有误差源的影响才能达到方差最小的无偏预报。根据统计理论可以对误差进行考虑，甚至可能消除预报误差。按照统计方法，各种误差源应用概率密度函数来描述，并远离预测概率。遗憾的是多数相关的概率密度不仅未知而且极其难推理，甚至在模型的选择中也涉及一定程度的误差。该节对各种误差源及其不确定性进行讨论，而不考虑它在预报中的实际应用。

4.5.1　模型误差

模型通常是对现实简单示意性的描述，即使是最复杂的模型也不可避免地存在概化误差。而且模型的架构也有可能是错的，比如用线性模型来拟合非线性现象。这意味着任何模型中都有或大或小的模型误差。通常全部或部分的模型误差可以通过模型率定弥补，这有可能是参数估值与其物理意义明显不符的原因之一。

4.5.2　模型参数误差

假设模型结构在其代表尺度以内有效地反映了系统的物理行为，这样只要给模型提供具有物理意义的参数值，模型就会产生满意的输出结果。仅需要对这些具有物理意义的参数做微小的调整，就可以将模型应用到推导控制方程的较大尺度上。也就是，比如洪水演算模型中曼宁公式里的“n”，可以根据已知材料、河床和洪泛平原的特性来估算。在这种情况下，预报的误差可能为模型结构和参数的条件误差。然而，如果参数估算时不考虑参数统计特性的复杂性，参数估算将成为包含各种误差的误差池。

4.5.3 边界条件误差

边界条件误差，通常被定义为时不变条件，对预报也有很大的影响，特别对于是物理过程模型、地形、河道横断面、坡度、堤防高程的变化都可能从根本上改变结果。同样参数率定可以补偿边界条件误差。

4.5.4 初始条件误差

初始条件误差不仅影响物理过程模型（如洪水演算或洪水淹没模型）的结果，而且可以导致降雨-径流模型大的预报误差。比如，不管用何种模型（数据驱动模型、概念模型或物理模型），不同的初始土壤含水量会导致不同量级的预报流量。由于很难推断真实的土壤含水量，这类误差对于事件类型的模型更为严重。连续时间模型里对土壤的水平衡进行显式更新，可以减少初始条件带来的影响。

4.5.5 观测误差

实际观测或由经验关系估算的输入是另外一个重要的误差源。输入可能包括分布式或集总的降雨、水位或由水位流量关系曲线或堰流方程估算的流量。空间平均降雨单项误差就可以轻易达到20％～30％，同时仪器误差可能影响水位和流量测量精度。

为了正确估算物理过程模型参数的真值，必须用概率密度曲线来代表各种误差源，以及误差源之间的相互作用或所有概率函数的累计效果。但是，这个任务基本很难完成。

4.5.6 预报输入

洪水预报中另外一个重要的误差源是气象预报中的各种明显误差。很难将这种误差有效地纳入洪水预报模型的条件预测概率的推导中。关于这个议题有大量的文献，但是如何以最优的方式来考虑这种误差目前还没有达到一个最终结论。

　　集合预报技术是气象预报技术发展的一个主要方向。集合预报是指在同一时间点设置多个初始条件得到一系列未来降雨预测结果。集合预报的输出为建议"最可能结果"及所有可能结果的范围。集合方法的预测概率并不固定，如介于最大值和平均降雨强度之间，但是输出的格式允许对预报结果进行概率评价。

4.6　数据同化

4.6.1　目的

　　在实时洪水预报中，必须实时采集大量的实测数据。这些观测数据包括一系列的模型输入变量或对模型进行调整的附加信息。数据同化的目的是将这些信息融入模型状态变量或模型参数以改进预报结果。

4.6.2　同化技术

　　有多种数据同化技术，最常用的是卡尔曼滤波（KF）、扩展卡尔曼滤波（EKF）、集合卡尔曼滤波（EnKF）和粒子滤波（PF）。气象和地下水模拟中也用到了其他的同化技术。3 - Var 或 4 - Var 的变分技术广泛用于有大量状态变量的气象应用中。这些技术与卡尔曼滤波区别不大，也可以用于分布式水文模型中，如与土壤含水量的卫星影像进行融合。由于卡尔曼滤波在预报模型实时更新中的重要性，有必要对其基本要素进行介绍。

　　卡尔曼滤波（Kalman，1960）是对用于线性（或局部时间线性）平稳或非平稳过程的维纳滤波的回归扩展，最初形式源于动力系统经典的时间离散形式的状态空间公式，即模型或系统方程

$$X_t = \Phi_{t-1,t} X_{t-1} \Gamma_t \eta_t \qquad (4.12)$$

　　量测方程

$$Z_t = H_t X_t + \varepsilon_t \qquad (4.13)$$

式中　$X_t[1,n]$——状态矢量，即该矢量包含了代表动力系统的 n 个状态变量；

$\Phi_{t-1,t}[n,n]$——状态传递矩阵，在每个时间节点都可能发生变化；

$\eta_t[1,p{\leqslant}n]$——一个时不变的未知随机高斯过程，平均值用 $\bar{\eta}_t$ 表示，协方差矩阵用 Q_t 表示，用于表示模型误差，矩阵 $\Gamma_t[n,p]$ 用于表示维度；

$Z_t[1,m{\leqslant}n]$——量测矢量，即该矢量包含了 m 个观测；

$H_t[n,m]$——维度矩阵；

$\varepsilon_t[1,m]$——量测误差，是均值为 $\bar{\varepsilon}_t$ 和是协方差矩阵为 R_t 的时不变未知随机高斯过程，独立于模型误差 $\bar{\eta}_t$。

为简便起见，采用卡尔曼在 1960 年的初始公式，即在模型方程中忽略控制项、增加量测误差项。卡尔曼滤波的目的在于找到未知状态 x_t 的最小无偏方差估算 $\hat{X}_{t|t}$ 以及在已知无偏的先验状态 $\hat{X}_{t|t-1}$ 下的协方差矩阵 $P_{t|t}$、协方差 $P_{t|t-1}$ 矩阵（基于高斯误差的假设完全代表了随机过程）和最新的噪声损坏量测 Z_t 及其测量误差统计（同样基于高斯假设，均值和协方差能够代表误差）。以下为估算方程：

每个时间节点的状态和协方差由前一时间节点推算：

$$\hat{X}_{t|t-1}=\Phi_{t|t-1}\hat{X}_{t-1|t-1}+\Gamma_t\bar{\gamma}_t \qquad \text{状态推算公式} \qquad (4.14)$$

$$P_{t|t-1}=\Phi_{t|t-1}P_{t|t-1}\Phi_{t|t-1}^T+\Gamma_tQ_t\Gamma \qquad \text{协方差推算公式} \qquad (4.15)$$

于是可以估算以下变量：

$$V_t=Z_t-\bar{\varepsilon}_t-H_t\hat{X}_{t|t-1} \qquad \text{称为"新息"} \qquad (4.16)$$

$$K_t=P_{t|t-1}H_t^T(H_tP_{t|t-1}H_t^T+R_t)^{-1} \qquad \text{称为卡尔曼增益} \qquad (4.17)$$

最终，可用最新的观测值更新先验估算：

$$\hat{X}_{t|t}=\hat{X}_{t|t-1}+K_tV_t \qquad \text{状态更新公式} \qquad (4.18)$$

$$P_{t|t}=(1-K_tH_t)P_{t|t-1} \qquad \text{协方差更新公式} \qquad (4.19)$$

应用卡尔曼滤波时基本问题在于，只有在状态传递矩阵 $\Phi_{t-1,t}$

以及模型误差和量测误差统计值（$\bar{\eta}_t$、Q_t、$\bar{\varepsilon}_t$ 和 R_t）全部已知的情况下才能达到最优化条件。解决该问题的办法是通过引入与 KF 最优相关的时不变新息量来估算未知的误差统计。事实证明状态传递矩阵参数（通常称为"超参"）的估算是特别复杂的问题。文献里有些方法可以用来解决对状态值和参数值同时进行估算带来的非线性估算问题。这些方法从在参数空间开发 KF 到在和参数一起放大的状态矢量上应用扩展卡尔曼滤波，或从应用最大似然法（ML）到动量法再到完全的贝叶斯法。根据工具变量法（IV），Todini 意识到后置状态估计 $\hat{X}_{t|t}$ 是最好的工具变量，原因在于它不仅独立于测量噪声，而且由于卡尔曼滤波的最优性在于它是对真实未知状态的最小协方差估算。相应地，Todini 通过采用两个互为条件的卡尔曼滤波开发了互动状态参数（MISP：Mutually Interative State-Parameter）估算技术：一个为和前时刻参数估值有关的状态空间，一个为和前时刻及最新更新状态估算相关的参数空间。最近研究发现互动状态参数法优于动量法，与最大似然法相近，而且大大节省计算时间，而完全的贝叶斯法由于需要吉布斯采样器生成后验分布，计算耗时严重不得不被舍弃。

　　Georgakakos 的 1986 年文献中有应用卡尔曼滤波对多输入单输出的阈值类自回归外生变量模型的模型状态和参数实现在线更新的实例，即应用扩展卡尔曼滤波实现对萨克拉门托（Sacramento）模型参数的在线更新。

4.7　耦合气象预报和水文模型

4.7.1　概述

　　洪水预报的最终目标是通过预测的气象情况准确预测未来水文条件。目前，确定性和概率预报或者集合定量降水预报（EQPF），以及其他预测的气象参数（如温度）可作为水文模型的输入通过数值模拟方法进行水文预报。耦合气象预报值作为模型输入是集成以进行准确水文预报的关键步骤。作为水文模型的输入，气象预报的作用日益显著，国家水文部门和国家气象部门需密切协调与合作，以最大限度地提高气象产品的质量、价值以及服务于水利行业的能力。

过去 10 年，随着计算机科学技术的飞速发展，集成耦合气象模型、气候模型和水文模型的科学研究显著增强。这为气象模型和水文模型的直接耦合带来机会，而且耦合法必须作为一个独立的方法，与用气象模型输出作为离散的水文模型输入的方法区别开来。2002 年，受英国气象局委托，牛津水力研究所（HR WALLING-FORD）对当前和未来气象和水文模型直接耦合的状况和趋势进行了评论和预测（HR Wallingford，2002）。这样耦合的系统被定义为全球水文预报（GHF）系统。之所以说 GHFs 是全球性的，因为只要有必要的水文模型运行环境，它们就可以在任何时间任何地点运行。只有当气象模型嵌入程序包，数值天气预报和水文预报之间不需太多干预时才可以称为全球水文预报。这一点将它与常规的水文预报室利用数值或其他的天气预报，发布预警或激活其他"离线"的预报活动区别开来。

根据输入的数据源，可以将基本的耦合情况分为三种：全球模式、中尺度模式和即时预报系统。三者的不同体现在地理尺度及相应的作用时间架构。基于以上基本耦合方式有多个变化形式，如下：

（1）水文插件（径流、水位、淹没面积）的数量和"深度"。

（2）可获取的地表真值观测和数据同化方法。

（3）能用集合和概率形式表现结果。

虽然数值天气预报模型里以小时作为时间步长满足了大多数洪水预报的时间要求，但空间尺度的不足严重限制了其应用。这是所有全球水文模型的通病，源自于利用离散方程来描述大气特别是降雨过程。和单元格侧边相似的波长干扰会发生变形，导致至少需要四个单元格范围才能完整表征降雨特性（戈尔丁，2006）。也就是说可以由全球模式进行显性模拟的最小流域面积为 $50000km^2$，中尺度模式约 $2500km^2$。只有较大的欧洲河流，如莱茵河、罗纳河或多瑙河满足以上标准。由于 GHFs 不存在跨边界数据共享的问题，其在模拟内陆河流域时有明显优势。跨国界数据共享只有充分利用国际数据传输协议才可以解决。这类问题的一个例子就是孟加拉国洪水预报系统部门难以获取印度恒河的降雨和水位数据。

以下两节简单概括了三种尺度模式下的耦合方法。

4.7.2　基于全球模型的全球水文预报

图 4.2 给出了 GHF 模型使用英国气象局统一模型（1°×1°格网的全球模式）结果的示意图。这些结果中包括统一模型中描述陆表过程的气象局陆表交换机制子模型（MOSES）的结果。MOSES模型包括陆表（含植被）和大气层之间垂向的热和水汽交换，以及四个土壤含水层用于模拟地下水水平和垂直方向运动。MOSES模型纳入表层土壤含水量概率分布（PDM）模型或 TOPMODEL 模型来表征各网格的地表覆盖和土壤属性变化的统计特性。

水的横向运输可解释为径流，可用单元格的总和或根据 PDM和 TOPMODEL 设定的频率分布来表示，如 X 比例的单元格产生Y 比例的径流。在"气候模型"模式中，UM 单元格径流在应用合适的延迟系数后通过 Oki 和 Sud 方案进行沿程累加。有关 Oki 和Sud 方案的信息可以从英国哈德利中心气象局的 P. Cox 获得。

欧洲洪水预报系统（EFS）使用的水文模型是代尔夫特水利研究所开发的 LISFLOOD 模型。该模型基于 1000m 的网格，覆盖了欧洲西部的主要河流。它利用欧洲中期天气预报中心（ECMWF）提供的预见期 4～10 天的降水预测作为模型输入报。LISFLOOD模型模拟大流域在极端降雨下的径流和洪水是一个考虑了地形、降雨量和降雨强度、前期土壤含水量、土地利用和土壤类型等影响的分布式降雨径流模型。

LISFLOOD 模型的输出为用户定义流域和子流域出口断面的流量时间序列。此外，可以输出流域产水区、总降雨、总截留和总下渗量专题图，以及表明特定变量（如各像素水深随时间变化的时间序列图）。LISFLOOD 模型是在默兹河流域进行的两次洪水问题初步研究中开发出来的，默兹河流域涵盖法国、比利时及荷兰的部分

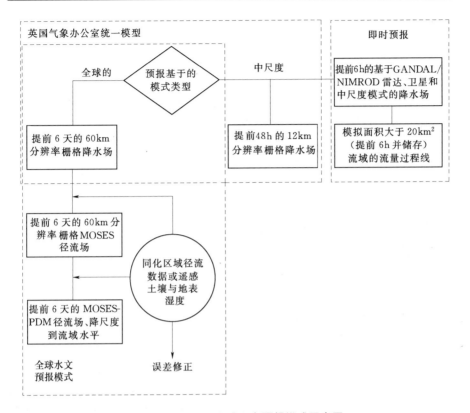

图 4.2 GHF-1 全球水文预报模式示意图

地区以及流经捷克共和国、波兰和德国的部分地区的奥得河流域。

特大型河流可直接运用 UM 模型进行洪水预报。然而必须谨记大型河流水文过程线升降的典型周期为数周。这样的情况也许很少出现，因此 GHF-1 提供的 5 天预报有显著优势。

虽然理论上设想 GHF-1 可以自由模式运行，但由于误差不可避免地需要地面真实数据以对预测初始时期的数据进行校正。实时的流量数据是误差校正的先决条件。此类数据可以从世界水文循环观测系统（WHYCOS）和全球径流数据中心（GRDC，位于科布伦茨的德国联邦水文协会）获得。世界水文循环观测系统于 1993 年由世界气象组织（WMO）和世界银行共同成立，目的是建立向国家和地区数据库提供实时或准实时质量稳定信息的全球水文观测站网络。也可以用卫星遥感来更新土壤湿度信息。目前比较合适的雷达扫描周期为数天，可以满足大流域上渐变信息的更新。

4.7.3　基于中尺度模式的全球水文预报和及时预报

图 4.3 示意了一个基于英国气象局或类似的中等尺度模型的 GHF 版本。通常，中等尺度模型提供每 6h 更新的小时降雨预报。中等尺度模型计算复杂，且极为依赖大数据同化。因此可能在观测时间 3 个多小时后方能提供预报。尽管如此，在保证足够精确度的

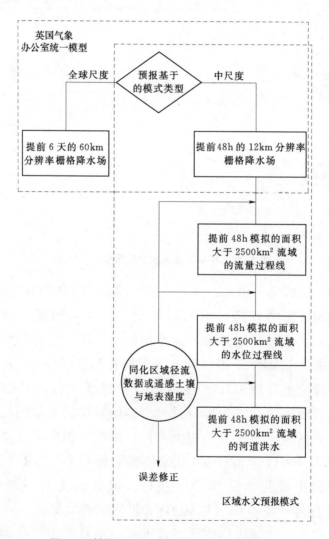

图 4.3　基于 GHF - 2 的中尺度水文预报模型

情况下，增加 $36\sim48$h 的预见期对于 2500km^2 以上响应快的流域具有实际价值。

新西兰南岛运用区域大气模拟系统（RAMS）进行定量降水预报，是基于中尺度模式的准业务化 GHF 类系统的一个例子，该系统用 TOPMODEL 来转换流量。RAMS 空间分辨率为 20km，由英国气象局 120km 分辨率的预报驱动。在当地时间晚上 8 时可以获得来自布拉克内尔的预报数据，经过 RAMS 通宵的运行，早上 8 时可以获得水文预测结果，制作提供了收到模型计算初始值 48h 后的未来 27h 的水文预测。TOPMODEL 在概念上强调上游河道演算中的下渗过程，所以其应适于山区流域。早期结果表明该模型在自由模式运行时会出现极大的低估或高估洪水量级的问题。这些都说明了利用观测降雨和流量数据对模型结果进行更新的必要性。

可以建立一个改进版本的中尺度预报模型，如在 GHF－2 中补充临近预报系统，即相当于进一步同化的过程，在该过程中，可以引入预见期大于 6h 的综合雷达–数值天气预报（NWP）模型。

4.8　业务运行中预测的不确定性

在洪灾应急管理时，业务决策的不正确性可能会导致巨大的后果（经济损失和人员伤亡）。然而应急管理者需要在未来事件发展趋势不确定的压力下做出决定。决策理论已经成为一个广泛的数理研究的主题。

水文学家之间的争议问题之一是如何证明业务应用中预测的不确定性所带来的效益。该问题的延伸就是如何同终端用户，即水务和应急管理者这样的决策者们就不确定性的利益方面进行沟通，说服他们可能还有一些困难。对终端用户而言诸如"在未来 12h 内发生洪水的概率是 67.5%"这种说法经常是无意义的。该信息必须回答的基本问题是"在未来 12h 发出洪水警报的预期效益和缺点是什么？"。因此水文学家在与终端用户对话时，必须要定义用于根据兴趣量的预测密度计算预期收益和损失的主观效用函数。

图 4.4 为洪水预警时的效用函数示意图（注意在这个简单示意图中，没有考虑人员伤亡）。虚线部分代表终端用户对发生漫堤灾害的认知（并不一定是真实值），即 $Q > Q^*$，Q^* 为河道最大安全流量。实线表示预警发出时成本与损失的合计。从图 4.4 中可以看出，如果发出警报，必然会因为动员民众保护机构、向人群发出警报、放置沙袋及采取其他必要措施而产生成本。但是由于预警提高了民众对于洪水的防范意识，洪水带来的损失比没有预警所带来的损失要小。是否发布警告取决于这两种决策下"预期损失"的对比，即成本函数与预测不确定概率密度函数的乘积对所有可能未来流量的积分。应当注意的是，"预期损失"是实际未来发生流量而不是模型预测流量的函数。当使用预期损失值而不是模型预测值时，由于考虑了未来流量的不确定性，误报率和漏报率会大幅度减少。另外，预测密度峰值越高，最终决策就越可靠。所以要改进预报，必须想方设法以减少预测的不确定为目标，而不是去寻找一个更好的"确定性"预报。

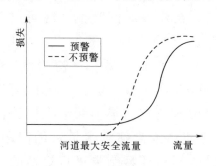

图 4.4　洪水预警问题衍生出的效用函数
（注：实线代表发出预警时终端用户
的成本和损失认知，虚线代表没
有预警时的成本和损失认知）

作为几个成功例子之一，以科莫湖实时管理决策支持系统（Todini 和 Bongioannini Cerlini，1999）为例来展示如何在实际业务中应用预测不确定性。科莫湖是意大利北部的一个天然湖泊，在其出口处闭合，并作为防洪、灌溉和发电的多功能湖泊进行管理。使用随机动态编程方法开发了基于 10 天的标准调度规章，使长期灌溉和发电达到最优化。但是，当预报有洪水时，水库管理人员需要修正标准调度规则。基于此开发了描述管理人员损失认知的效用函数。每天早晨发布入流水预报及预报的不确定性，然后根据入流洪水的预报不确定性最小化预期损失从而得出最佳水库泄流量。对于水管理者而言，这些过程是不需知情的，他们只需要知道所建议的最佳泄流量及其预期后果（图 4.5）。

用 1981 年 1 月 1 日到 1995 年 12 月 31 日这 15 年间的反推模拟对该系统的表现进行评估，结果见表 4.2。当使用优化规则时，湖水位从未低于允许最低水位——0.4m，然而实际历史上观测到有第 214 天水位低于允许最低水位。

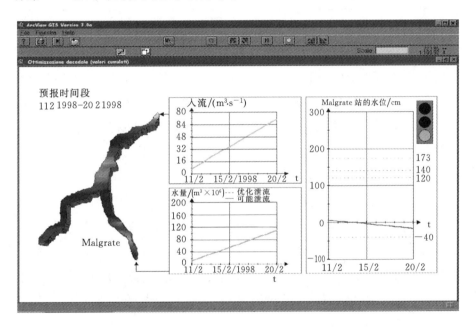

图 4.5 科莫湖调度决策支持系统

此系统根据预期湖泊入流及预测不确定性（图上没有显示，但在调度中使用）向水资源管理者建议最优和可能的泄流量，以使预期损失降到最低。它也显示了之后 10 天的预报水位。

表 4.2 显示 1981 年 1 月 1 日到 1995 年 12 月 31 日的 15 年期间实测水位和缺水量（历史的）和基于预测不确定（最优的）调度结果的对比情况。

表 4.2　　　　1981—1995 年反堆模拟的表现评估

项　　目		天　数	
		历史	调度
水位	−40cm	214	0
	120cm	133	75
	140cm	71	52
	173cm	35	34
缺水量		$890.27 \times 10^6 \, \text{m}^3$	$788.59 \times 10^4 \, \text{m}^3$

　　关于科莫洪水，在 15 年期间有 133 天湖水位高于最低防洪限制水位（1.2m），而通过最优化规则将其降至 75 天。在高水位时也出现极为明显的降幅。当水位达到 1.4m 处，科莫中心广场的交通必须中断，高水位天数从 71 天降为 52 天。当水位达到 1.73m 处，即法定的"常规洪水"，人们可以对其损失进行索赔，高水位天数 35 天下降为 34 天。同时，灌溉缺水量以平均每年超过 $100 \times 10^6 \, \text{m}^3$ 的速度减少。基于满足灌溉需求即意味着高的湖水位这个事实，以上结果出人意料的优越。

　　终端用户如何接受该系统是相当有趣的。1997 年年底，该系统得以安装完毕，并邀请负责湖泊管理的主管 Consorziodell′ Adda 来参观，但是该系统直到他对其效能具有充分信心时才开始使用。6 个月后，主管承认他在四次事件中都做了错误的决策，而决策支持系统提供了正确解决方案。从此，该系统进入业务化运行并被成功运用。它不仅在数量、频率和强度上减少了科莫洪水事件，而且使发电和灌溉用水增长了 3%。

　　以上案例显示，如果适当简化并让其参与其中，终端用户将很快意识到因使用预测不确定性所带来的效益，前提是不能要求他们用统计术语或此类问题中频繁用到的随机计算和优化方法来解释预报结果。仍旧需要下很大工夫使终端客户了解在无需他们承担复杂计算时系统可获得的改进和进步。这样，他们将领会并接受这种旨在提升决策成功率的方法的全部好处。

参 考 文 献

Georgakakos, K. P. , 1986: On the design of national, real-time warning systems with capability for site – specific flash flood forecasts. *Bull. Am. Meteorol. Soc.* , 67 (10): 1233 –1239.

Golding, B. , 2006: Performance of Met Office Forecasting Systems as a Function of Lead Time: Report to Environment Agency. Exeter, The Met Office.

Hankin B. , S. Waller, G. Astle and R. Kellagher, 2008: Mapping space for water: screening for urban flash flooding. *J. Flood Risk Manage.* , 1 (1): 13 – 22.

HR Wallingford, 2002: Global Hydrological Forecasting Technical and Market Appraisal. Final Report from HR Wallingford to the Met Office. Report EX 4651. Wallingford, HR Wallingford.

Kalman, R. E. , 1960: A new approach to linear filtering and prediction theory. Trans. ASME, *J. Basic Eng.* , Ser. D. , 82: 35 – 45.

Todini, E. and P. Bongioannini Cerlini, 1999: TELFLOOD: Technical Report. DISTGA, University of Bologna.

第5章 监 测 网 络

5.1 数据采集网络的定义

设计一种用于洪水预报和预警作业的实时监测网络需要考虑很多因素。本质上，这一网络由降雨及河道水位（还可能包括流量）监测站点组成，并实时或者接近实时地向中央管理与控制系统进行报汛。由于其对国家利益意义重大，即我们需要及时、详尽并且最高精度的洪水预报，因此这一网络需要较高的可靠性与快速恢复能力，并且很大程度上围绕着自动数据监测、处理及检索进行搭建。尽管有些监测设施还会被用于其他用途，例如水管理和气象服务，但是洪水预报的监测系统仍被视为一个独立的组成部分进行运行。因此，具体负责的相关机构需要匹配一套高水平的基础设施进行支撑。这就需要投入足够的资金用于购买及维护这一网络，并且确保有足够能力的人员来维持其运转。除了设备需要实时运转的要求以外，配备一定数量的应急监测人员也很重要，因此还需要考虑应急替代方案、职责分工以及人员组成。

最重要的是，数据监测网络必须同时传递涉及洪水高风险区以及高影响区的信息。因此，我们需要足够的站点报送细节信息以监测洪水的发展过程，提供充裕的时间运行预报模型，从而及时发布预警并采取相应的措施（见框图5.1）。本章接下来的部分将检查一套成功的监测网络需要具备哪些必备条件，同时第6章和第7章将会考虑更多的技术细节问题。这一章还将检查仪器设备的基本要求，但并不会述及不同仪器的详细细节。

框图 5.1

除了一些主要的河流流域，大部分流域气象站的密度及其用于资源管理的报汛安排在大多数情况下并不能满足洪水预报和预警网络的运行要求。

5.2 现有网络的评估

用于洪水预报和预警的监测网络大多数都是基于目前已有的水文气象网络，以节省新站点的投入，这或多或少会影响到所需要的网络的结构。使用已有站网的好处在于，不仅监测设备，而且站点基础设施均会有一个已建数据库以提供更好的信息基础用于模型开发。在评估现有的网络时，要解决的主要问题是其地理信息是否适用于洪水预报的目的。现有的站网可能是不同的部门建设的，比如水资源或气象部门等，因此还需要考虑其所有权及管理上的问题。

就像 5.1 节提到的，监测网络最重要的要求是传递有用且及时的信息。因此，尽管从经济或者运行角度考虑，采用现有的站网是较为方便的，但是我们必须仔细考虑其对于洪水预警这一最终目的的适用性。这节下面部分会解释其中一些最重要的考虑，网络设计的细节将在 5.3 节中给出。

5.2.1 气象观测网络

国家气象部门（NMSs）的观测网络由两个历史需求发展而来。为了理解当前的天气情况和发展天气预报相关的知识方法，我们观测了很多年天气形势的一系列要素。天气形势测站和其他"主要"站点的数据旨在建立一般或特殊的气候形势，例如农业气候。对于这些类型的站网，主要的要求是在一个地区或国家的不同地点进行采样，保证有足够的信息来描绘天气的时空变化。通常情况下以天为间隔进行数据记录，一些主要气象站以 3~6h 为间隔进行记录。虽然目前大多数的天气或者气候站点使用自动的电子传感器和数据存储，但并不是所有都满足洪水预报的遥测要求。由于报告时间间隔太长，且站点分布并不集中在洪水周边，这些数据并不能完全满足洪水预警的要求。短期降雨并不是这些测站所主要关注的要素，所以即使测站每天得到了几次数据，往往会24h汇总以后才会被展现一次。

5.2.2　雨量站网

在大多数国家，降雨已经被观测了很多年了，但主要是以天为间隔，只有少数国家有连续观测记录。虽然一般来说，目前数据的归档和管理由国家气象部门和水管理机构完成，但各部门都已经建立和运营了自己的监测网络。出于不同的目的，雨量站网的发展受到了极大影响，已经变得很零碎。站网的规模、组成以及管理随着时间的推移都发生着改变。在大多数国家的监测站网中，雨量站的位置一般位于：

（1）地方行政中心。

（2）水及污水处理厂。

（3）水库。

（4）农业和林业机构。

（5）灌溉工程。

（6）科研单位。

（7）高等院校。

除了少数例外，上述类型的机构一般会将雨量计置于低海拔地点和人口中心的位置。然而，洪水预报系统要求观测的雨量在洪水风险区以外的某个地方以及上游源头地区，以提供足够的时间用于预警。因此，有一部分站点需要位于更为偏远的地区（见框图5.2）。

框图 5.2

用于洪水预报和预警的雨量计网络可以从现有的站网中选择，但现有的测站有可能需要升级，并在更合适的位置补充更多的测站。

尽管目前的数据管理可能变得更为集中，但管理机构在维持定期观测方面可能没有任何控制力，而极大地依赖于志愿者的善意和奉献。用于洪水预报和预警的雨量观测站可以从现有的测站中选

择，但它通常需要升级以达到较高的技术水平和可靠性。

5.2.3 河流-测量（水文监测）站网

水文监测站网的发展在某些方面类似于雨量器，它们最初源于许多不同的组织，后来才被官方的国家水管理机构运行管理。这一事实可以在其站点的位置中反映出来，它们大多位于水库、堰坝、取水口这些特定水管理设施处。除了前面提到的，这些站点主要位于低海拔地区，很少有站点能用于提供洪水预警信息。水资源管理侧重于站点在低流量测量上的准确度，换言之就是确定水资源的可靠性。这反映在测量仪器的结构上，特别是流量，仪器的设计不是用于测量高水流量或者漫堤流量，而后者对于洪水传播以及洪水淹没模拟而言是非常重要的。因此，一旦要使用现有的河流－测量站点用于洪水预报和预警，则需要对他们的设计进行一些大的改动，才能真正起作用（见框图 5.3）。

框图 5.3

现有的河流-测量网络没有覆盖作洪水预警所必需的测量区域，尤其是上游源头地区。现有站点需要被重新设计和设备升级以提供比现有网络更大覆盖范围的实时河流信息。

跟雨量计类似，大多数流量计的最初目的仅需要有间断的数据采集和分析。因此对于水位而言，可以在规定时间段里手动记录，例如每天，或以某种方式连续记录（通过图形或记录仪），这当中实时数据很少，特别是流量，只能一段一段分别计算。

5.2.4 孟加拉河洪水预警网络

由于几乎完全位于三角洲地区这一地理特性，孟加拉国易于发生经常性的、全区域的洪水，其洪水预报和预警中心运行的监测网络有着悠久的历史。洪水监测是水文站网中的一个主要关注点，其结构要求体现在：

（1）更早地观测到洪水发展事态——就该国而言，将站点设置在从印度流入的河流边境上。

（2）为确认洪水的过程，沿主要河流和支流设立连续监测点。

（3）测量仪器设置在主要基础设施点，铁路桥梁处和渡口处。

（4）临近首都的位置进行更加详细的监测。

（5）尽早地开发通过无线广播报告河流水位和降雨量情况这一方式，以提供较快的状况评估。

（6）通过汇流时间和水位相关等方式进行简单的图形预报。

最初的系统在经历了几个阶段的发展后达到了当前的状况，在自动化和复杂洪水预测方面都有较高水平。孟加拉河水文监测站网以及不同洪水预警状态示意图如图 5.1 所示。

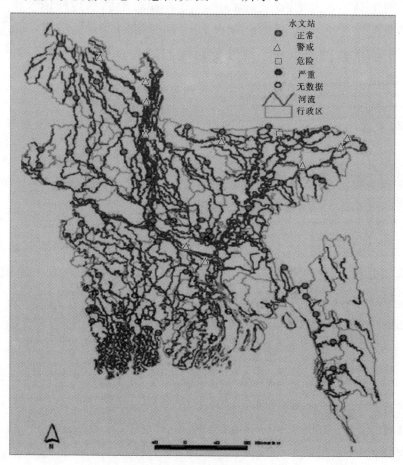

图 5.1　孟加拉河洪水预警监测网络以及不同洪水预警状态

5.3 水文气象观测站网设计要求

考虑到模型类型和在洪水预报和预警中的适用性已经在第3章和第4章中提到，而物理操作要求将会在第6章及其他地方提及。本节主要介绍监测系统的基本结构，以及在站网设计中需要考虑的重要问题。

5.3.1 风险区域的识别

洪水预报和预警必须重点针对流域或其他管理区域（城市、行政区、地区）内的社区和基础设施。在英国和其他某些地方，由于他们过于关注河流系统，而不够关注有风险的区域，关于洪水预报和预警的一些早期尝试被人所批评。这在一定程度上是因为洪水预报和预警系统是通过修改现有的水文网络形成的，同时这些信息主要是为了流域管理人员的利益而存在的。虽然对于管理人员而言，他们收到的信息是足够他们作出主要应对反应的，例如加强防御、呼叫应急工作团队以及操作防洪节制闸，但是对于组织以外的人来说是不足的。因此，站网设计必须满足特定区域的预警需求。

流域中大部分测站可能被认为处于洪水风险中，但这些测站需要按照风险等级和受影响的程度划分优先次序。通常情况下，预报预警需求可以通过以下两个方面进行识别：一是对风险水平进行分级（经常使用洪水重现期以及相应的预警水位），二是对洪水影响水平进行分级（经常使用经济损失和破坏程度）。表5.1为一个矩阵形式的分析，可以定性的将不同级别的风险及影响与洪水预报和预警级别关联起来。

由于土地利用类型不同，或者相对重要程度的不同（比如在国家或者区域范围内农业和工业的重要性是不一样的），不同的流域影响区的分类往往是不一样的，不能仅仅依赖于洪水风险区（即洪水重现期）来定义洪水预报和预警的重要性。下表中的分类是一般意义上的，我们可以用来解释这个概念。

表 5.1 风 险 影 响 矩 阵

洪水风险	洪水影响区域			
	未开发地区 （低）	农业用地 （中）	低密度城市区 （高）	城市中心和重点基础设施 （很高）
高	高/低	高/中	高/高	高/很高
中	中/低	中/中	中/高	中/很高
低	低/低	低/中	低/高	低/很高

表 5.1 中内容解释如下。

1. 未开发地区

这可能是流域上游（丘陵牧场、森林）或地势最低的部分（泛滥平原、沼泽），这部分地区洪水的影响较小，但实际上洪水的频率往往很高。通常情况下通过模型预测的洪水影响往往是不显著的。但如果这部分区域对分洪和蓄洪很重要的话将出现例外。

2. 农业用地

在这个分类中，根据农业类型的不同，洪水影响的差异可能非常大。其对耕地的影响可能很大，但如果有及时的洪水警报，影响也会非常小。然而，当洪水预警会影响对策措施（例如闸门控制或河流改道）时，应给予更多的重视。尤其是以灌溉系统为主的国家，更是如此。在牧区，洪水预警使得人们有时间将牲畜转移到安全地带，因为它也是有益处的。

3. 低密度城市区

这些地区最好被看做是某个特定子流域或者河段内分散村庄或者小城镇。在这些区域的某些部分进行特定地点的洪水预警是不现实的，比如在洪水区内部或附近、或者重大防御工程背后。正是在这些地区，洪水预警可能需要应用于其中某些特定区域，这些区域的洪水风险等级和洪水影响等级均可能有所不同。洪水预警在这些区域的有效性将取决于接受者的认识水平和洪水警报的严重程度。

4. 城市中心和重点基础设施

由于种种历史原因，许多大城市都在扩张，逐渐接近洪水泛滥区域，因此如今必须设置防洪设施。考虑到这些地区财富和重要基础设施集中，我们需要有针对性的洪水预警以进行防洪及洪水管理措施。措施可能包括关闭防洪坝（伦敦），安装可拆卸的防洪工事（布拉格），或者在极端的情况下，疏散准备（新奥尔良）。

理解流域的不同特征和洪水特点对于识别这些区域面临的风险是至关重要的。苏格兰环境保护署（SEPA）最近在苏格兰进行的一项研究（SEPA，2007）将洪水风险划分为三个组成部分，见框图 5.4。这些组成部分可以通过地图和 GIS 有效地表现出来，苏格兰洪水固有风险分类如图 5.2 所示。

框图 5.4 洪水风险的组成部分

（1）固有风险：来源于各种流域变量，如形状、河道陡度、渠道水力学特征和城市地区障碍物，处于风险之中的房屋和基础设施。

（2）前期风险：主要由流域湿润度、水库蓄水和积雪覆盖等监测决定。

（3）暴雨（事件）的风险：其中包含了大多数作为模型或决策支持框架（DSF）输入的变量，例如降雨量、降雨分布、雨强、河流状态的变化、暴雨的移动以及度量降水预报（QPFs）。

固有风险图是定义风险最大区域的有效手段，因此需要尽最大的努力给这些区域建设一个充分的监测站网。就苏格兰而言，有许多未开发的丘陵地区，因此主要目的有两个：一是识别哪些区域需要基于河流预报模型和遥感技术设计高规格的洪水预报和预警系统；二是识别哪些流域可以基于相对稀疏的监测和简化预报模型以满足预警要求［例如基于计算机决策支持框架（DSF）］。DSF 方法还能在完全启用实时洪水预报系统之前向当局提供早期预警，使其提前做好准备工作（SEPA，2008）。

5.3.2 选择合适的预见期

洪水预警需要足够长的预见期来采取应对措施。监测数据的传输以及模型预报计算必须足够快速才能使得监测数据有价值并且及

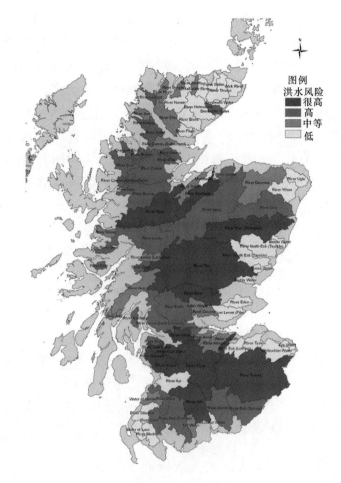

图 5.2　苏格兰洪水固有风险分类

时地做出预警。

　　根据世界标准，英国的流域算是比较小的，作为主要的洪水预警机构的环境署，规定洪水预见期至少为 2h。这是为水文响应较快的流域制定的，被认为是政府和居民采取必要措施所需要的最短时间。这需要高规格和高可靠性的设备和服务以保障信息的及时传递。最短预见期并不一定要应用于所有地区，针对较大的河流，洪水预见期可以更长。为了区分各种流域并识别哪些区域需要快速反应，环境署制作了河网峰现时间（Tp）的国家地图，包括 0～3h、3～9h、超过 9h 三类。图 5.3 显示的是英格兰和威尔士 $Tp<3h$ 的

流域。大多数的快速响应流域位于丘陵地区，也有很多是在大城市。当叠加上村庄和城市图层后，这种方式为如何构建洪水预报模型提供了一个有用的指导。一个特别的应用是识别哪些地方需要更加详细的河道和洪泛区水力学模型，以提供更精确的洪水水位及淹没范围预测。

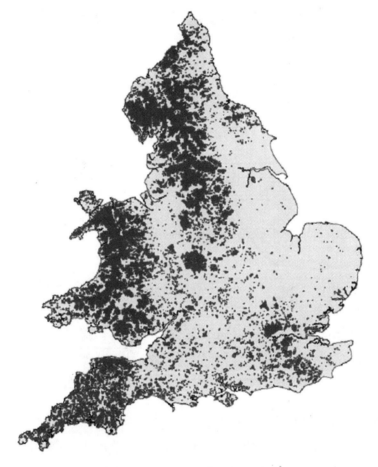

图 5.3 英格兰和威尔士 $Tp<3h$ 的流域

选择最短的预见期并不意味着预警只能在那个时候发出。有更多的预警时间，就会有更多的机会准备和启动响应和救援行动。许多洪水预警机构提供未来48h内（$T+48$）的预测预警，图5.4显示的是美国肯塔基州格林河超过48h预见期的洪水预报图。孟加拉国的洪水预警服务主要处理水文响应较慢的河流，预测水平为 72h（$T+72$）。在这些情况下，河流情况通常以特定的时间间隔进行报告，例如每隔 3h 或 6h 报告一次。因此，雨量站和河流水位（及流量）的监测和遥测网络在设计时需要考虑所有的数据传输和处理能否在这段时间内完成。

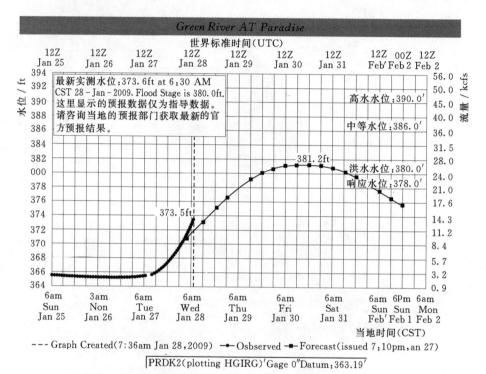

图 5.4　美国肯塔基州格林河超过 48h 预见期的洪水预报图

5.3.3　区域水文单元的识别

正如给特定地点提供预报预警服务一样，为了给用户带来利益，监测站网需要分布在流域各个地方，以便专业的气象学家、水文学家以及洪水管理人员能够在空间上理解洪水的行为。监测站点需要放置在能充分识别出集雨区状况的地方，并能掌握从上游到下游的演进情况。这就需要在遥远的上游区域布置大量的站点，这些区域也是任何流域最常见的产流区。

然而在一些大的流域，某些不重要的支流也不容忽视。它们的水文响应时间比干流更迅速。更重要的是，如果干流正在发洪水，支流的洪水情况有可能更加严重。这就是中欧在 2002 年夏季爆发严重洪水的原因。一些主要流域，比如易北河（Elbe）和多瑙河（Danube），经受了巨大洪水，但是一些最严重的损失却发生在子流域上，这些重要情况当时并没有被快速识别出来。

同监测所选流域的子流域一样，所选流域的干流水位监测也是必要的，并且涉及选择合适的河流长度或河段。选择河段长度及监测点位置应考虑到从洪水预警到洪峰到达下游的时间，还要考虑主要子流域的汇入口，因为这可能显著增加洪量或者由于回水导致水位抬高。

5.3.4　前期流域监测与准备

前面部分描述的是在确定某流域的洪水发展时，需要足够的站点覆盖范围，前期流域监测与准备与此不同，是一个独立的主题。背景或前期条件的监测对于模型运行的初始化非常重要，尤其是当监测间隔以及模型算法必须从常规或待机状态到完全激活进行预报时。前期条件的监测也有利于向专业合作伙伴提供早期的建议。

对前期状况的监测最简单和常见的形式是使用流域降雨量。这可能是模型更新的一个组成部分，使得相关变量和算法以固定周期进行在线修正；但是在指示站点数量有限的情况下，系统也可以"离线"运行。最常用的指示变量是前期降水指数（API），在英国采取如下形式

$$API5 = 0.5 \big[P_{d-1} + (0.5)^2 P_{d-2} + (0.5)^3 P_{d-3} \\ + (0.5)^4 P_{d-4} + (0.5)^5 P_{d-5} \big]$$

式中　P_{d-x}——前期每天降水量的总和。

API 每日都会更新。根据历史事件的分析选择触发水平，用以升级操作或模型状态。

更复杂的流域湿润度指标，比如土壤缺水（soil-moisture deficit，SMD）或径流潜势（runoff potential）（CEH，2007），同时使用降雨和蒸发数据，因此既取决于监测的降雨量和气候数据，

也依赖于计算实际蒸散发所选择的合适的方法。根据历史分析和对所关注流域的了解，触发值应设置在土壤缺水低值或者零值。

用导电性或蒸渗仪进行流域湿润度的现场监测难度较大，使得这项技术在洪水预报作业中的应用非常罕见。这主要是因为在连续操作和校准及提供有代表性站点时存在困难。然而，在由于主要含水层的存在地下水较为丰富的流域中，可以通过主要测井直接进行实时读数。这些监测结果可以用于更新模型中的地下水子程序，也可以离线用作流域指标。

5.3.5　仪器与监测

由于从监测现场到运营中心的数据传输速度和可靠性对于洪水预报和预警非常重要，所以测量仪器最好可以进行电子感应并传输。所要求的基本仪器类型如下：

（1）翻斗式雨量计：或多或少代替了虹吸和图形记录，探针大小通常可定制为 0.2mm、0.5mm 或 1mm。由于急速的降雨会扰乱结果，所以 1mm 的探针最适合测量雨强和雨量较大的雨型。

（2）水位计：常用的是浮子式和旋转式传感器类型，气压式、压力传感器或超声波类型均可使用。在浮子式和传感器类型之间必须有效地处理从模拟信号到数字信号的转换。

（3）超声波流量测量仪：在水力条件比较稳定、能用简单公式表示且具有规则断面的窄河道使用比较高效。现场使用时需要与水位监测和当地河岸的条件所结合，同时在断面校准方面提供快速检查。

（4）气象站：这些站点大多用于确定前期及其他流域状况，比如冰雪覆盖或者蒸散发等，因此他们的报告次数不像雨量站及河道站一样频繁。它们应该携带用于测量温度、湿度、辐射和风速的电子传感器。

仪器的全部细节以及关于它们安置地点的讨论可以在 WMO 技术导则文献中找到（WMO，1983，2007，2008）。

世界上有大量仪器制造商可提供所有或者其中的某些仪器。由于洪水预报预警的重要性，通常需要高质量和高可靠性的测量仪器。只有经过认可的供应商所提供的高规格仪器才应当予以考虑，应避免购买便宜的仪器或者经过许可制造的复制品。事实上，这意味着可被考虑的国际仪器公司越来越少了。这些公司的优势在于它们可以提供维修和备件的良好备份，这对于洪水预报预警系统的有效运行是十分必要的。仪器制造商也可以在使用国或者地区设置代理机构。基于现代设备的专业化和高价值属性，建议采购合同涵盖以下内容：

（1）供应的仪器。

（2）符合生产制造和性能的国际标准。

（3）安装和校准。

（4）测试及调试仪器和网络。

（5）授权、服务、备品备件和运行维修。

大多数现代仪器都是模块化的，大部分依靠电子电路和微处理器，不像手动仪器，在操作中很少有由技术人员的调整或修理。事实上，应该告诉工作人员不干扰仪器和部件的内部工作，因为这不仅无效，而且很可能打破厂家的保修协议。然而，工作人员应当特别注意检查仪器的操作和电源，同时不定期检查校准和结构完整性。不能仅仅因为仪器是自动化的，而长期不注意检查它们。传感器、处理器和发射器的外壳和固定件需要是高规格的，这一点很重要，尤其是在天气比较恶劣的地区。

5.3.6　数据结构

作为仪器规范的一部分，数据的格式也需要着重考虑。确保提供给数据处理程序和预报模型的数据格式合适是十分必要的。得到认可的专业仪器供应商知道应用程序所需的数据，所以数据处理设备应满足这种数据格式转换的最低要求。转换要点如下：

（1）从传感器信号到数据格式的转换。

（2）以通信格式传输数字数据。

（3）通信传输数据转化为数字格式以输入程序和模型。

当有价值的信息大多以可视化的形式展示的时候，将会出现更多复杂的情况。比如，雷达和卫星影像以及数值天气预报（NWP

展示。事实上，这些使用像素矩阵加工成的最终形式意味着他们可以实现自身的数字转换。然而，由于涉及的数据量十分巨大，只有少数几个系统可以直接将可视数据转换为可直接输入的格式，其中包括英国水文雷达系统（HYRAD）和美国下一代雷达系统（NEXRAD）。数据以像素为基础构建同样意味着预测模型必须适合基于网格的数据，而不是各个站点的输入数据。

5.3.7　操作系统

洪水预报预警系统通常由几个独立的系统构成。这些独立的系统必须有效地连接在一起，高度自动化，并且尽量减少人为操作。比如把一个系统的输出数据作为输入数据写入另一个系统中时或把遥测降水资料作为输入数据写入水文模型。

出于调整多种不同数据流和在现有网络上增加新特性的需要，大多数的主要洪水预警软件供应商已将软件设计为一种开放式的系统架构。通常，这些系统在水文水力学模型和在线气象水文数据收集方面提供一套专业用户界面。因此，系统需要拥有强大的数据导入和处理能力。开放式架构系统需要包含专门的模块来处理数据，并要拥有开放式接口来方便地集成不同模型功能。这种系统的理念是提供一个开放式的"架构"来管理预测过程。这种架构可以集成多种数据通用处理程序，同时给多种预测模型提供一个开放式的接口。因此，这种结构可以针对洪水预测机构的特定需求进行定制。开放式架构系统如图 5.5 所示。

尽管开放式架构系统有能力使用不同类型、不同来源的模型，但是主要供应商应提供他们自己的相互兼容的互补模型供使用。

这些模型通常包括：

（1）一个水文循环（降雨径流）模型。

（2）一个河道水力学模型。

（3）一个河道和洪泛区模型。

（4）一个自动告警生成模型。

除了全面的数据管理以及多种模型类型功能以外，成熟的操作系统还应提供多种显示模块以及图形界面，包括图形、表格以及图形摘要等。

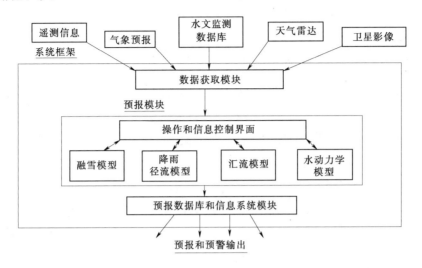

图 5.5 开放式架构系统示意图

5.4 水文站网的运行与维护

这是洪水管理、洪水预报预警系统运行的一个非常重要的方面。它包含了各种各样的设备、交通以及维持通信所需的第三方服务，因此需要长期的财政支持以满足日常开销。经常被资金援助项目所忽视正是后面这种情况，并且无法从国家政府的财政机构获得足够的预算资金。我们会在下面的章节中逐项讨论其中的重点问题。

5.4.1 现场监测设备

仪器必须保持良好的工作状态，在有些地方，人工与机械设备仍然被使用，例如人工读数仪器和图形记录仪。那么，在这些地方就需要对设备进行定期的校准与维护，以保证设备的正常、准确运行。目前的单位"米"就需要定期经过校准设施的校验，而并非所有国家都拥有此类设施，在这种情况下，就需要财政、物流及海关等部门的协调配合。

电子设备的普及减少了定期维护的需求。但是，这并不意味着电子设备不需维护。制造商与供应商经常夸大其设备的一致性、精度与可靠性，所以用户需要仔细检查自己收集到的数据。因此，数据必须经过经验丰富的工作人员严格检查。不能因为设备是电子密封装置就认为设备观测的数据永远精确。可供工作人员访问的数据设备，无论是更换内存还是将数据下载到数据装换装置或电脑，都要定期访问以保证数据的更新。最低也应每三个月检查一次。

供电是现场监测设备的关键。即使是发达国家也无法保证电能的永久不间断供应。而且，现场监测设备经常需要被安装在遥远的没有电力供应的地方，这时就需要采用电池、风能、太阳能等供电手段。但这些手段都需要日常的维护。为了保证仪器的停机时间和网络的干扰降到最低，我们必须准备足够的备用设备以及与之对应的更换计划与人员。电子设备通常只能由制造商校准，这就又需要相应的国际货运能力。

5.4.2 办公设备

与现场设备一样，办公设备也逐渐电子化。一个水文项目的标准配置通常有电话、传真、复印机以及复杂程度不同的电脑系统。随着制造商不断地开发产品和改款，这些设备很快就会过时。因此，维护程序必须考虑到服务和设备的更换以及制造商不再支持。重要的是水文服务是可以通过互联网连接，并拥有电子邮件设施。这些都是政府或私营机构提供费用中所包含的服务。

在某些国家，不稳定的电信服务和电力供应使得内部通信需要通过无线电波来完成。还有，现场监测设备是不断变化的，所以对于备件、服务更换的问题，同样存在于现场仪器。因此，同样需要许可费用以保持专用无线电带宽，尤其是在紧急情况下的通信保证。

5.4.3 经营许可和保修

水文服务越来越多地依赖计算机模型和其他的软件，例如洪水的估算、数据库和地理信息系统等。这些物品大都由国际公司提供而非内部开发。因此，维护是要依靠供应商，这是通过服务协议、软件许可、升级规定和保修安排所提供的。这些都是在获取设备的时候需要确定的经常性开支项目，并为之提供持续、充足的资金。如果供应商不完全在同一个国家，这些服务就不得不用外币结算，这就需要换汇设施。

5.4.4　工作人员

水文单位需要一批有相关技术及专业背景的工作人员。教育和工作经历必须通过适当的报酬、组织结构和就业机会来认可，而较小的单位可能存在一些问题。在世界范围内，因为水文所需的专业资格和技能，类似于市政工程和科学等领域，所以水文单位也存在着留住员工的问题。政府和大型私营组织往往可以提供更好的薪水和更好的职业前景。水文单位通常是一个主要组织下小的分支，例如灌溉和水资源服务，内部人员调动往往是职业生涯发展的唯一途径。这可能会导致经验丰富的员工流失，或被迫使用经验不足或缺乏经验的工作人员，因为经验丰富的员工在寻求管理或行政职位。当一个更大的组织结构调整、减少员工的数量或填补职位空缺而又不肯从外部招纳新人时，后一种情况常常发生。

由于水文部门都是政府机构，他们会面临裁员，可怜的工资水平和士气低落等一系列广泛出现在政府部门的问题。这种情况在政府不能按时支付工资或政府不能提供其他福利（如住房、交通和低保）时会进一步加剧。虽然不是特别危险，但水文工作会带来一定的风险，例如洪水监测和河流测量的任务，在紧急情况下，可能需要工作人员值班或加班加点。这些工作都需要被认可和奖励。

5.4.5　交通与运输

现场操作非常依赖于发达的交通。典型的要求主要是合适的车辆、船只和舷外发动机，这些需要高质量的维护及可靠性，并留有一些额外容量以支持在紧急情况下的工作强度和在不可预见的故障时保持灵活性。有些国家还需要专门设备来应对当地的特殊条件。例如，在孟加拉国，大河需要特制的双体船进行流量测量，这种船需要有很高的建造水平和充足的动力，以保证其能够在高流速条件下工作。他们还需要合格的驾驶员来安全运行。

在一些出行困难的国家，例如丛林或山区地形（例如巴布亚新几内亚和新西兰）或出行距离较远的国家（例如在纳米比亚或印度），使用轻型飞机或直升机来运输人员和设备是很好的选择。这需要高额的经常性预算支持，来支付商业租赁费用。最重要的是要有足够的资金提供燃料、旅费和生活津贴，并保证能及时支付。如果工作人员囊中羞涩，他们会找借口不进行现场工作，或者为了尽快返回基地而敷衍了事。

5.5 水文数据恢复

5.5.1 数据恢复的定义

数据恢复（Data Rescue）是归档有风险的数据的过程，以此来避免因为储存数据媒介的自然损耗、数据管理机构的改变、自然灾害引发的数据遗失。这项工程的目标是用一种恰当的方式保存这些数据，安全保存并容易获取以备日后的需要。这个过程也许会包括对因为潮湿或啮齿动物啃噬的纸张的电子转写。同样的，也包括使用过时的媒介或技术储存的档案，使用软件储存数据还有图像化或者电子化当前以及过去的水文资料存入电脑。

在 2001 年 WMO 召开的国际数据恢复大会上，关于数据恢复定义达成了如下共识：

一项正在进行的保护由于存储介质恶化存在流失风险的数据的过程，将当前和过去的数据处理成计算机能识别的形式以易于获取。

这个定义所揭示的内容如下：

（1）数据应该用图片文件的形式存储在能够常常更新的介质上，以避免媒介的损害（例如胶卷、CD、DVD）。

（2）已经在计算机上储存的数据应该经常被转移到存储设备上来适应技术的发展。

（3）如果有必要，数据应该用一种能够进行分析的形式与现有资源整合，例如纸质文档和年鉴。

5.5.2 数据归档的困难

数据归档的重要性没有得到足够的认识。在许多国家，数据没有进行有效的管理，而是放在晦暗的储藏室的开放的架子上或者散落在盒子里，饱受尘土潮湿和蛀虫的侵蚀。当其他活动需要占用这里或者办公地点搬迁，这些数据常常就被扔掉了。

在 WMO 成员国里的水文数据丢失是一个重大的问题。这个问题在一些发展中国家通常更加严重，因为很多的原因和限制，那里的数据归档通常非常有限。过去，只有很小规模的数据恢复工程得到了一些确定的支持。然而，这些工程的实现揭示了这样的事实：水文数据的丢失比之前预期的要严重得多。

从资源和需要投入的精力而言，水文数据的收集和记录耗费巨大。因为不方便归档、归档保存不当，大量的数据发生遗失。每个国家的水文数据归档问题都不一样，但是一个普遍的问题是计算机数据存储和其他过时的、不能和现代归档和处理设备兼容，包括打孔器和没有系统能读的磁带。一些国家现在还保存着大量纸质的数据存档，这些数据都随时面临着遗失、丢弃和毁坏的危险。久而久之，数据处理技术进步和改变如此大，以至于大量的数据永久的遗失了。

雨量和水位数据的图形记录是水文气象学多年观测系统的主要方法。然而不幸的是，这些图形被长时间积压，却没有合适的分析和数据总结。在有组织的处理程序停止很久之后，这些图形仍待被处理。在发达和不发达国家的国家气象、水文机构中都有大量的未处理图形积压，需要有更多的努力来电子化这些珍贵的数据。

5.5.3 水文数据恢复的理由

对于保护水文学历史数据而言，数据恢复工作至关重要。历史数据为科技、工程、经济决策都提供了观测基础。在一些曾经是殖民地后来又独立的国家里，过去已经收集了大量的数据。后来的变革会引发问题，因为详细的存货清单在变革中都遗失了，同样的问题在发达国家的政治机构变革时也会发生。一旦失去，这些数据永远不可替代，过去的水文学家和气象学家的努力都白费了。现在气候变化是国际社会普遍关注的问题，长期、一致的可用数据就显得更加重要，因为可以基于此有效的建立变化基线和趋势。综合性数据集对于保证气候变化、生物多样性、极端事件的研究尽可能准确非常重要。有这些珍贵的数据对于全体社会都是有益处的。另外，丢失了描述性信息（元数据）和测量数据意味着水位流量关系曲线和流量记录的质量都不能被重新评估。

2007 年，WMO 举行的水文数据恢复调查结果显示，过去的活动在这方面只产生了很少的结果，另外，调查显示在很多国家为满足各种社会目标开发和使用即时数据管理系统包括数据恢复的能力都需要得到加强。

数据恢复的一些特别理由如下：

（1）使用长期数据可以使预测模型更加准确。

（2）对极端水文现象的研究会更加全面和准确。

（3）极度依赖于水文数据的工程设计在使用长期水文数据后，可以更加可靠。

5.5.4　WMO 过去的努力

WMO 在数据恢复领域有着很长的历史，最早的可以追溯到 1979 年 RAI 的数据银行项目，这个项目还衍生出之后的比利时数据恢复项目。比利时自助的这个项目使用显微摄影和微缩胶片帮助超过 40 个非洲成员国保护他们的气象学数据，这个项目收集到的数据在这些国家都有存档。1988 年，WMO 建立了气候档案归档计划（ARCHISS），从每个国家收集气象数据并使之可用。

这个项目的进展还没能被完全应用，而且随着时间的流逝，很多问题正在变得更加严重。1999 年 6 月，WMO 秘书处对非洲的 39 个国家进行了问卷调查，23 个国家进行了回复（59％）。调查显示，这些国家中 82％的数据使用纸张来归档，他们请求 WMO 协助他们存储数据。这项调查之后，WMO 在 6 个英语国家（埃及、厄立特里亚、冈比亚、加纳、肯尼亚和坦桑尼亚联合共和国）和 5 个法语国家（乍得、刚果、尼日尔、卢旺达和多哥）进行了一次试点项目来拯救水文数据。通过这些项目，每个国家都被提供给电脑、打印机、扫描仪和软件系统来处理和管理数据（对于英语、法语国家分别是 Hydata、Hydrom）。80 多个国家的工作人员参加了 10 天的培训，学习如何使用合适的软件管理电子形式或者纸质形式的数据。

作为这个项目的后续，2007 年年末，WMO 又进行了一次水文数据恢复需求的调查。这次调查获得了不同地区 57 个国家的响应，完整的分析报告尚未公布。初步的分析结果显示，以前的工作只产生了非常少的作用，开发和使用数据管理系统的能力还是需要极大的加强。

5.5.5 水文数据恢复和电子化

水文数据应被看做是具有战略价值的重要资产，迫切需要将物理的或者人工的数据，把文本和图像转化为有效的数字形式。数据应该被保存在安全和访问快捷的介质中。数字化有不同的介质选择，在选择介质时，有以下几点可以考虑：

（1）硬拷贝。在很多时候，都直接使用观测记录或者日志本来存储数据。可能会是手写的观测记录、打印的数据表格或者地理信息的表格。硬拷贝的材料很大程度决定了数字化的方法。关于从原始记录数字化水文数据的方法有以下一些问题：

1）因为材料腐烂和文件重写造成的不可读取。

2）不规则的观察时间。

3）使用从前的或者过时的测量仪器。

4）使用旧单位的测量结果需要转化为国际标准单位。

许多很有价值的历史数据都包含在政府部门出版的年鉴或者气象档案中，这些文件在电脑档案出现之后就停止印刷了。很少有人将这些大量数据电子化，导致连续性的中断和获取难度加大。结果，一旦了解这些数据的"数字化前时代"的工作人员退休了，这些比替代他们的电子数据历史还要长的数据记录都被忽略了。从书上的历史记录数字化这些数据并转化为现代数据库能处理的数据形式是一个非常主要的任务。仅仅将这些数据扫描是不够的，因为这些扫描数据并不能用真实的数据库来处理。

当权威部门要求信息归档时，硬拷贝水文学历史数据有时被储存为胶片（或者缩微胶片）的形式。这些数据的图片质量通常很好，尤其是那些使用高质量材料的胶片。胶片对于保存图形数据以供日后的数字化或者绘图、规划、计划等（比如绘制测站结构或者洪水范围）是一种理想的材料。

（2）数字图像。数字图像正在逐步取代胶片，这些图像可以通过扫描和数字拍照获得。这些数字图像还需要键入数据到运行数据库中。一些软件系统可以同时显示图片和用户的数据库，这使得录入数据比从纸上录入数据更加容易。然而，转写数据通常带来了错误的风险，所以一个严格的检查系统是必要的。

（3）安全存储。有时，数据恢复最初的一步是先将数据从不良的环境转移到一个更加安全的存储环境。数据记录需要收集、整理成为索引和目录化的系统，并在一个密闭容器进行保存，防止进一步的损坏。这种数据保存方法可以在资金有限的情况下使用，先安全保存数据，然后当条件或者设施运行时再进一步处理。

5.5.6　数据恢复的优先顺序

在全世界，有着不计其数的古老数据材料和未处理的数据，以及那些尘封废弃电脑里的数据。有必要按照优先级顺序来进行数字化，如下：

（1）数据的优先级。

1）能够增强已经存在的数据库的重要的国际、地区和全国性的高质量的当前数据。

2）存在遗失风险，对更好的统计、设计和趋势分析有价值的，或者可以扩展已建数据库的重要的国际、地区和全国性的高质量的历史数据。

（2）活动的优先级。

1）将数据转化为计算机可以处理的形式（数字或者图像形式）。

2）在没有遗失和破坏风险的地点建立和未出备份数据库，这个过程应该是全国性或地区性的。

最近英国一项降雨记录数字化的工作展示了这种过程的复杂性。自 1860—1968 年，《英国降雨记录》每年都以纸质的形式出版。这些数据包括了英国所有雨量站的降雨记录及统计数据（包括 1930 年之前爱尔兰地区的情况）。由于缺乏电子手段来访问，这些数据有被抛弃的趋势。英国自然环境研究委员会提供资金来数字化这些数据，并发布到英国气候数据中心的网站上（BADC：http：//badc. nerc. ac. uk/）。

印刷的文档分为三个部分：降雨数据，文字记录和图片。这些数据（逐月、逐日和一些日间信息）被逐年输入到 Excel 文件中，数据项目包括年、月、日，站名，郡县，还有以英尺和厘米为单位的降水深度记录。对于文字记录，则根据原始文件的质量，用文字识别软件扫描或者人工输入，每年的记录都被保存为 word 文档。图片都被扫描为 JPEG 图片，以"年"为单位存在文件夹中。

这项工程用了 1 个项目协调者、2 个管理人员和 9 个工作人员（大多数是业余工作的学生），花了两年的时间才完成。对于数据和文本都进行了高标准的检测，项目总花费约 40000 英镑。

参 考 文 献

Centre for Ecology and Hydrology，2007：*Revitalisation of the FSR/FEH Rainfall-Runoff Method*. Research project FD1913. Wallingford，Centre for Ecology and Hydrology.

Scottish Environment Protection Agency，2007：*Extreme Event Analysis. Final Report*. Glasgow，EnviroCentre and The Met Office.

——，2008：Extreme *Event and Flood Warning Decision Support Framework*（DSF）. Glasgow，EnviroCentre and Met Office.

World Meteorological Organization，1983：*Guide to Climatological Practices*（WMO - No. 100），Geneva.

——，2007：*Hydrological Data Rescue*（*HydRes*）. *Project Proposal/Concept Note* (D. Rutashobya). Geneva.

——，2008：*Guide to Hydrological Practices*. Sixth edition（WMO - No. 168），Geneva.

第6章 实时数据传输和管理

6.1 数据传输

6.1.1 基本要求

一个洪水预报预警系统需要进行实时操作，也就是说，所用数据需要由实时观测或非常临近的观测提供。这就要求一个水文数据传输系统（Hydrometric Data Transmission System，HDTS），将由遥测站测得的数据传输到接收中心，以供进一步处理和操作。接下来的部分描述了 HDTS 的一般规范，和这样一个系统应该提供的功能特性。但是它并未描述组成 HDTS 的设备和单元的规格。

HDTS 的设计应充分理解基于该系统进行洪水预报预警的必要性和重要性，并考虑以下要素：

（1）功能。

（2）地理和物理约束。

（3）数据和输出的时间结构。

（4）安装条件。

（5）可靠性和维护。

（6）操作员和公共安全。

（7）经济性。

最后的系统规格应由水文、数据管理和电信领域的技术专家之间的一系列合作决定。HDTS 系统的概念配置如图 6.1 所示。

HDTS 由遥测站和接收中心组成。遥测站安装在观测点，接收中心安装在需要水文数据以进行洪水预报作业的位置。遥测站主要由监测和遥测通信设备组成，并由电源设备供电。遥测设备与测量水文数据的传感器相连。遥测设备与接收中心按照一个预置数据

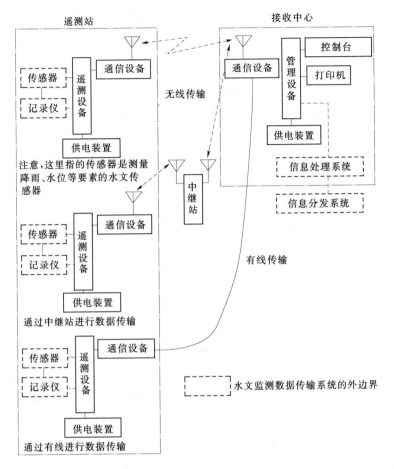

图 6.1 HDTS 系统的概念配置示意图

采集序列进行通信。

　　遥测站通过一个通信系统与接收站相连，而这可以通过多种方式。接收站基本上由通信和监测设备组成，并与一个操作控制设备相连。该设备有一系列作用，包括按一个预置的采集序列从遥测站采集水文数据、数据处理、在线存储、数据显示、打印以及记录。信息处理和归档作为一个组成部分部署在此系统中。

　　HDTS 的设计应在满足所需的功能及可靠性的前提下拥有最优的经济性，尽量做到投入最小以及日常开支最少。系统的经济性估算需要考虑系统预计运行的整个时间周期，应该包括初始成本、经营成本和维护成本、备品备件和由预期故障和严重损坏引起的部分元件替换成本。HDTS 的成本估算也需要考虑到未来的更新或完善。

HDTS 系统需要执行数据测量和处理工作。观测和测量的数据要求要基于运行目的进行设计。通常的数据种类包括以下几种：①数据类型和测点数量；②测量范围，有效位数，测量精度和分辨率；③测量时间；④输入接口；⑤探测警报阈值；⑥分站报告功能。

数据测量的结果或许会作为未加处理的原始数据传输。但是，通常情况下数据会被处理成能直接与传感器接口兼容的一种格式，并且在某些情况下，还要进行一些有用的数据操作，比如计算滑动平均数并传输计算结果。正常情况下大多数据处理是在接收中心（即运行控制）进行的，处理成适合预报模型输入的数据格式。

HDTS 应拥有在系统中存储数据和信息的功能。HDTS 中的数据存储应该为以下功能而设计：

（1）缓存观测数据，直到它们能被传输到信息处理系统；这一过程可在单个遥测站或在接收中心进行。

（2）将原始数据处理成时间或面均值，或估计值，比如不同气候条件下的蒸散发。

（3）通过整合多个时间点上的数据产生实时信息。

（4）制定决策所必需的实时信息的暂时存储。

需要长时间储存并用来提供标准或参考统计数据（均值、极值、范围）的信息，应作为数据库储存在一个信息处理系统中，此系统与 HDTS 分离，但作为整个操作系统的一部分是易于获取的。

6.1.2　通信信道的选择

用来传输数据（遥测）的途径有很多，包括有线线路、无线电线路、电信线路，移动电话网络和卫星通信线路等。选择通信线路的类型和方法时应考虑以下几点：

（1）该国或该地区内可以利用的通用通信设施。

（2）传输信息量。

（3）传输时间、传输速率和可靠性。

（4）系统的经济性和成本。

不同通信方式的主要特点、优势和缺点如下所述。

（1）电话线路。电话线路可提供一个交换电话网络，包括拨号脉冲和多频信号发射。成本通常是基于通信时间进行收费，虽然在某些地区，服务提供商有一个固定收费率，并且此收费率可以和相关公司协商。模拟线路和数字线路是可使用的。此线路的传输标准符合国际或国内标准，并且通信质量是有保证的。

如果线路质量良好的话，使用通信调制解调器的模拟线路的传输速率超过 50kbps。使用通信调制解调器的数字线路的传输速率，通常超过 100kbps。在关键时期，此线路的通信量可能大幅增加，比如在大洪水期间，因通信拥塞，通信延误和中断等问题可能随之发生。

（2）手机网络。手机线路可以提供拥有多频信号发射功能的交换手机网络。对于数据通信，成本可能并不由通信时间决定，而是由数据量决定（即数据包数量）。存在固定成本的例子，但这些都对数据通信有限制。模拟和数字信号系统都可用，虽然模拟信号系统被定义为第一代信号系统，并且经常不适于数据通信。第二代数字系统可允许数据传输速率为 9600bps 或更多。移动通信第 2.5 代或第 3 代可允许高速数据传输，速率达几百比特率。服务规格通常符合国际或国内标准，并且通信质量是有保证的。

手机服务同时使用地面和卫星无线基站。后者使用一个转换系统，可以依数据包消费或者每月固定成本消费。就像传统电话服务一样，线路中的通信可能在关键时期大幅增加，通信问题有可能随之发生。手机服务还可以使用短信服务（SMS），提供网络站点之间的文字和字符的传输与接收。

（3）通信公司专线。通信公司专线为特殊用户或用户组提供专线服务。成本通常是通过与服务提供商商议决定，并且同公共服务电话线路一样，此线路也能够传输模拟和数字信号。通常，此线路的传输标准符合国际或国内标准，并且通信质量是有保证的。

如果线路质量良好，使用通信调制解调器的模拟线路的传输速率超过 50kbps。数字线路传输速率可达 50kbps 甚至更高。某些提供商可能拥有高密度、高速率服务，速率达几百兆比特每秒。因为此协议下的线路都是专用的，所以不会发生因通信增加而导致的拥挤问题。

（4）互联网连接。通过互联网，可以获得不断线的高速数据通信服务用于专门用途。基于将运用的传输方法，此服务可能通过光纤、数字用户线路（DSL）和有线电视（CATV）提供。线路不间断连接，费用通常固定，可使用的通信协议限于互联网协议（IP）。互联网上的服务是基于网络服务提供者（ISP）所能提供的最好服务而决定的。繁忙时刻会出现拥挤问题。问题源可能包括 ISP 的随机中断，或者他们自己设备的故障，而对于此，终端用户是无法掌控的。

（5）私有线路。在此情况下，线路可以由使用者自己安装和运行，类似于铁路信号或者紧急服务。初始成本可能很高，但是运行成本很低。有不同的传输媒介可用，比如铜双绞线和同轴光纤。有不同的线路终端设备可用，从简单的通讯调制解调器到多路终端设备。通过组合所提到的通信媒介和线路终端设备，通信速率可以达到几十比特每秒到几千兆比特每秒。私人线路的运行质量是使用者自己的职责，所以需要合适的内部员工和后勤资源来管理线路运行，尤其是当系统在关键时期处于压力之下时。

（6）特高频和甚高频（VHF 和 UHF）无线通信线路。在国际电信联盟（ITU）的控制下，全世界范围内都可以有效利用这些频段。全球频率范围规定如下

VHF：30～300 兆赫（MHz）。

UHF：300～3000 兆赫（MHz）。

各国分配的频率范围是不同的。一国或一地区可用的中心频段数量（频道数）通常是有限的，一个中心频段（一个频道）可被大

量遥测站共同使用。为了避免干扰，相邻系统不能使用同一个频群，并且所选的通信频率需要符合当地法律法规。干扰和信号丢失的情况无法避免，但是通过细心配置频率，可以最小化通信中断风险。VHF 和 UHF 可以支撑模拟和数字信号。

无线电通信设备控制着信号传输和接收的速率和能力。模拟信号系统使用频移键控（FSK）进行声音通信，传输速率通常为 200～1200bps。使用最小频移键控（MSK）或高斯最小频移键控（GMSK）的数字信号或模拟新型号系统的传输速率通常为 1200～9600bps。

（7）多路无线电通信线路。在 ITU 的控制之下，此类系统频率的使用在世界范围内都可获得。可获得的频率范围从 UHF 延伸至超高频（SHF：300MHz～30GHz）。各国所分配的频段不同。这些线路被用于多路电话通信和高速数据通信，并可以支持模拟和数字信号。如果线路不通过交换机，通信可以一直不断。

在使用专用无线电通信线路的情况下，工作频率和输出强度由国际标准和国家法规所规定。无线电通信可以在数十公里范围内运行。长距离情况或在多山地区可能需要中继站。因为无线电通信的质量决定于外部条件，设计通信线路后需要进行通信测试。

（8）卫星通信线路。甚小口径天线地球站（VSAT）和国际海事卫星组织（INMARSAT）是典型的卫星通信设备。还有其他卫星通信可使用，比如国家通信卫星。通过 VSAT 的数字电路，还可以提供语音交流。通过 VSAT 的传输速率根据服务分类而有所不同，但都高于 200bps。在大雨时期，传输信号可能减弱，问题随之而来，并可能导致通信丢失。

因为遥测站位于选定的水文观测点，因此它们分布于广阔的地理区域。遥测站不能总是坐落在理想的水文点。因此，根据不同通信媒介，本系统可能需要中继站。这些地理约束在网络设计时期以及考虑其未来发展规划时都应该重视。

遥测站的位置是在考虑距接收中心距离和遥测站位置的地形之后确定的。已有通信线路和无线线路的可用性、无线电传播条件

（如果选择无线线路的话）、电源的供给设备以及通道在选择遥测站位置时都应该考虑。当使用 VHF 或 UHF 时，选择安装无线电通信设备站点所需的条件如下：

1）一个无线电站对另一个的干扰程度应足够低，以免妨碍可靠通信。

2）如果在同一站点，要在较近距离内安装两个或更多天线，互相干扰的程度要低，以免阻碍通信；如果干扰无法避免，可以通过增加天线之间的距离或安装过滤器等方法使其最小化。

3）用于点对点通信的无线通信站，需要在综合评估无线点播路径、通信线路、地形剖面和站点条件的前提下，安置在海拔尽可能低的地方；它们不应该安置在高处，比如山顶，除非是中继站。

4）设备元件和无线电线路设计应该与频率、传输方法、无线电路径和地形轮廓相适应。

5）天线高度的选择需要根据无线电传播测试的结果做出。

6.1.3　侦讯方法和频率

更详细的 HDTS 功能图解如图 6.2 所示。对于一个洪水预报预警系统，HDTS 一般是实时使用的。HDTS 会对所有观测数据做时间标定，但数据的传输和处理之间总有滞时。通常遥测站的传感器连续地或以很短的时间间隔测量水文变量，比如每 10min 测量一次水位，接收中心解码数据并进行检验和处理。在此阶段信息处理系统会将数据转换成一个合适的时间序列，例如逐小时数据系列。因此，这些时间特性和他们的容许误差范围，应该根据操作的目的进行确定。有多种不同的方法可用于从遥测站点报告数据，如下：

（1）循环式查询：当大量遥测站可以共同使用一个通信线路或波段时，可以使用此方法。遥测站一个接一个地被查询，当最后一个遥测站被查询后，第一个再次被查询，由此形成循环式查询，如图 6.3 所示。通常，整个系统应该以符合最高需求标准的时间间隔被查询，但系统也可以按需求间隔不同分为几个组，每个小组独立进行循环查询。

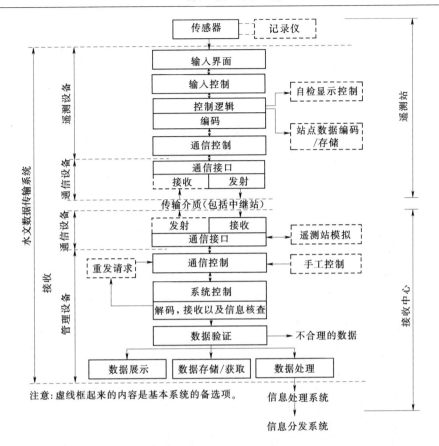

图 6.2 HDTS 的原理框图

（2）请求式查询：这是循环查询的变体，在每次循环查询之间有一个设定的时间间隔，比如 1h（图 6.4）。此方法适用于按时间收费的通信系统，比如电话线路。此方法对于需要最小化耗电量的遥测站也适用，比如使用电池的遥测站。此方法在有很多遥测站需要查询的情况下不太适用。

（3）批处理查询和依序报告：这是一种将请求式查询和批处理查询结合的一种改良方法［见（5）］。这种方法如图 6.5 所示并有以下特征：

1）接收中心按固定时间间隔查询所有遥测站，类似于请求式查询。

2）每一个遥测站在被查询时进行测量，并在其本地内存中存储数据。

3）每个遥测站在指定等待时间（Wn）后，将观测数据传输给接收中心；应该给每个测站指定一个不同的时间常数 Wn，以避免拥堵。

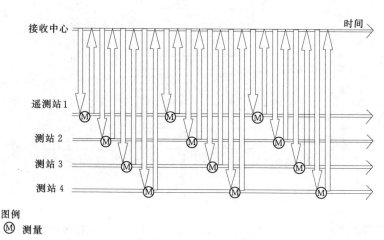

图 6.3　循环式查询示意图

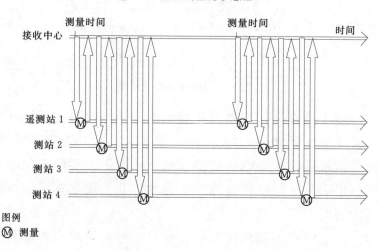

图 6.4　请求式查询示意图

如前所述，请求式查询的缺点在于在不同测站使用了不同的测量时间，而批处理方法［见（5）］则需要每个测站都有高精度的计时器。批处理查询和依序报告方法的做法是接收中心同时通知所有

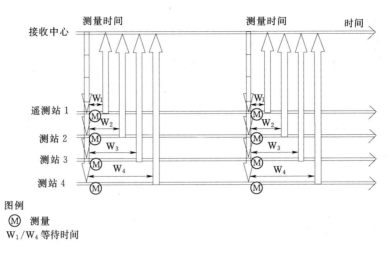

图例

Ⓜ 测量

W_1/W_4 等待时间

图 6.5　批处理查询和依序报告示意图

测站，然后所有测站均在固定时间进行测量。因此所有测站的测量时间都是相同的，也就不需要每个测站都有精确计时了。

（4）连续传输：当一个遥测站与接收中心之间有专用通信线路时，可以使用此方法。该方法允许遥测站连续且依序地将观测数据传送给接收中心，这在实际操作中，是一系列以最小时间间隔分割的传输过程。接收中心可以获取所有数据，因此可以较为自由的设置取数据的时间间隔并进行数据预处理。

（5）批处理报告：此方法中，数据保存在遥测站一段时间，然后以一批数据的形式传输给接收中心（图 6.6）。数据传输是由接收中心的查询指令，或由作为遥测站的自动报告功能所指定的。此方法适用于在特定时段内无法进行通信的遥测站，极地轨道卫星传输就是这种情况。因为这种方法需要每个遥测站进行独立观测，所以需要高精度计时器来保证准时测量和安排传输时间。每个测站均需要装备存储设备，以在传输之前保存测量数据。该系统只在洪峰的到达时间以天计而非以小时计的大河流域适用。

（6）事件报告：当测站的传感器测到降雨或水位超过预设的上下限时（图 6.7），使用该方法从遥测站到接收中心进行自动数据传输。一旦重大事件发生，该方法可有效地使接收中心担当自动警报的角色。然而，当很长一段时间没有数据传输到接收中心时，很难判别是没有重大事件发生还是系统出了问题。因此，该系统需要与定期自动发送检测信号的设备结合，来确认测站和传输线路是否正常工作。

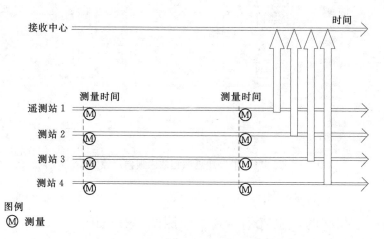

图 6.6　批处理报告方法示意图

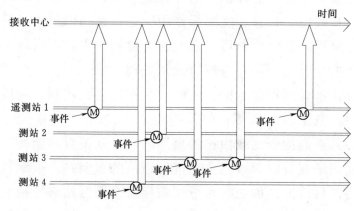

图 6.7　事件报告方法示意图

6.1.4　可靠性

遥测站的环境条件可能很严酷，尤其在热带、沙漠和山区。在超出设计范围的情况下使用设备时，需要给予特殊考虑。因此，如下情况需要考虑：

（1）大气温度变化范围和变化率。

（2）相对空气湿度变化范围。

（3）风速。

（4）大气盐度和灰尘。

（5）设备遮盖物内的环境条件。

（6）可获得的能源供应情况（包括应对闪电所造成的雷击的保护措施）。

（7）洪水损害的可能性和洪水期间的通道。

（8）抗震稳定性。

大多数设备都包含制造商对运行范围的建议信息，这些信息应该仔细核对，以应对预期野外环境。制造商还提供设备遮盖物内限制的灰尘、水汽、盐度的信息。接收中心的环境条件也应考虑，因为可能需要空气调节并加强灰尘水汽控制。其他需要考虑的细节如下：

（1）仪器和传输设备的组装物尺寸需要足够地大，以满足暴露需求。

（2）涵盖站点使用的各项条件和协议必须正规，包括土地拥有者的允许、租赁合同或土地购买；为达到法定协议所需的时间不应被低估。

（3）站点的天气条件必须能够代表周围区域，比如站点不应过度遮盖或暴露，以至于形成微气候。

（4）站点应该安全，免于地震和滑坡。

（5）使用太阳能电池或风力发电机的地方，发电条件（年度和季度）必须满足运行需求。

（6）任何附近障碍物的情况，比如树木、建筑和自然地形，都不应该对能源设备施加显著影响。

（7）通往站点的道路应该全年通畅，以便安装和维护设备；这可以通过提供永久四驱车辆通道，直升机起降场或飞机跑道来实现。

洪水预报预警的 HDTS 系统必须设计用于连续运行，因此需要在严苛的条件下运行，比如大雨和洪水期间，设计者需要考虑设备和整个系统的可靠性。所以，对于系统的关键功能，需要提供备用系统，比如备用电源或电信线路以及备用发电机，同时可接受的最小系统冗余也需要清晰定义。最小停机时间是对系统冗余的最好反映，不管在单一故障的持续时间（几个小时）层面，还是在特定时期内的整体停工时间（比如 1 个月或 3 个月）或百分比层面。

HDTS 的组件应该尽可能简单和稳健，以易于检测运行情况和更换部件或设备。在系统设计和建立阶段，系统的持续运行、修正及软件升级的能力，无论对于运行还是数据处理，都应作为一个重要的考量点。HDTS 系统应该被设计成接收中心能够检测整个系统的运行状态，确认通信线路和设备的故障并控制必要的运行。全部文档必须在设备和程序上进行维护，并且需要建立严密的资产管理系统。

高可靠性的电源对 HDTS 的运行是必要的，并且需要仔细考究。遥测站的主要电源可能无法获得或者不够稳定。即使在有外部电源（如商业电线）可以驱动系统的地方，也应提供电池和其他备用电源以防停电。具有关键重要性的系统，比如中央接收、处理单元以及需要大功率容量的组件，尤其需要提供备用电源。需要确保的备用时间应由系统的重要性确定，有可能几小时到几天。

在没有外部电源的地方，需要使用重型电池、太阳能或风能发电机。如果可能因为天气条件影响太阳能或风能发电机，导致无法发电，那么还需要有额外的备用电池。确保备用时长应该由系统安装地的主导天气条件和保持系统运行的重要性决定。备用电源运行时间范围为一周到一个月，不应更长。关于这两种供电模式需要特别注意以下几点：

（1）主要电源。

1）DC 电源：设备特定部件的运行可能需要它。DC 由变压器将 AC 转换而来，来为提供不间断电源的电池充电。对 DC 电源的要求是满足特定部件耗电和保证电池充电。

2）自动电压调节器（AVR）：有时被称为电压控制仪，此设备应用在电压波动大于设备容许值时。AVR 需要与备用装置连同使用，比如 UPS［见 3）］。

3）不间断电源（UPS）系统：这些装置尺寸和容量有多种规格，当主要电源故障时可以提供备用电源，如在停电时、因闪电造成负荷锐减和中断时。如果需要长时间的不间断电源，UPS 可能要有一个发电机备用，并保证电力恢复时的启动功能。UPS 广泛应用于支持 PC 或电脑网络运行。在此情况下，UPS 的容量需要提供足够长时间的备用电源，来保证适当的停机程序。

4）备用发电机：通常与 UPS 和其他系统一起使用，用于运行中心和特别地，某些重要的、可能发生长时间频繁停电的观测点。发电机通常使用柴油驱动，其输出功率必须充足，以支持相关设备的电力需求、照明以及空气调节。建议发电机拥有在其自动检测到停电或电压锐减之后可以自动启动的功能。

5）闪电保护：在闪电频发地，强烈建议使用避雷针或变压器，同时提供过载保护。

（2）非主要的（原地）电源。

1）光伏（太阳能）发电：因为它具有提供相对稳定输出电源的能力，这已成为最广泛应用的独立电源形式。太阳能电池板（光伏阵列）的大小和容量必须足够充足，以满足设备用电需求并为备用电池充电。太阳能应该被蓄电池储存下来，使其可以在没有太阳的时候提供电源，即晚上和多云或太阳辐射低的时候。对此设备布置，建议配备过充放电控制器和阻流二极管。

2）风力发电系统：在有充足的风速大于最小阈值的地方，可以使用风力发电机或风力发电机与太阳能发电机的组合。是否使用风力发电机要基于当地数据或者历时 1～2 年对当地风的调查进行决定。因为发电与风速的立方成正比，所以在决定发电机容量时需要注意。风力涡轮机应该与蓄电池结合，以在无风或微风时提供备用电源。同时建议安装充电控制器。许多设备供应商现在提供混合电力系统，即将风力发电和太阳能发电结合，并按遥测站的需求做了个性化改变。

3）只用电池：对于难以通过以上方式获得电源的遥测站，仅将电池作为电源可能是唯一的选择。仅靠电池运转的观测站和遥测设备，在更换电池之前，可能需要可供长期运行所需的大容量电池。在这些情况下，遥测系统需要设计得更节能，电池也要定期更换。

6.2　数据处理

6.2.1　总则

洪水预报预警系统使用的数据应该被认为是涵盖水文、气象和气候等要素的更大数据库的子集。因此，用于洪水预报预警的特定数据和处理系统，应该遵循现有的实践手册的基本原则和导向，即最新的《水文实践指南》（WMO–No.168）和《气候实践指南》（WMO–No.100）。详细的质量控制规程参考 ISO 9001 相关部分，它被推荐给水文服务作为参考。它并非打算再现这些标准中的细节，但是涵盖了其中一些突出的要点，因为特地仔细思考了洪水预报预警服务的需求和特点。

洪水预报预警操作的显著特征是它是实时或近似实时操作的，并且很多为保证准确性和一致性的正式数据处理习惯无法实施。因此，需要采取一些步骤以保证高质量和可靠性，并确保在数据处理系统中建立检查和平衡机制，为模型输入、预报和决策提供可靠数据。需要注意的是，下面提到的关于质量检查和数据插补方面的讨论为常规意义上的数据管理，它们在许多方面是与本手册之前提到的模型研究中的数据质量问题是独立的。

6.2.2　质量控制

洪水预报预警操作中的数据管理，很大程度上依赖于计算机化的数据验证工具和技术。虽然现在这些技术比以前有力有效得多，但是专业的数据检查还是需要执行的，尤其是被自动检查功能所标记了的项目。关于是否接受、拒绝抑或改正数据，水文学家和气象学家需要做出有远见卓识且经过深思熟虑的决定。

验证技术可以用于检测可能发生的常见错误，并且正常情况下程序会显示数据被标记的原因。当决定使用复杂验证程序来验证任一给定变量时，应该谨记这一变量可被观测的精度和对检测到的错误进行改正的能力。

数据需要经过检查和验证，以确保其质量以及紧随其后的洪水估算和预报的有效性。数据验证可以划分为两个过程：

（1）数据传输过程中的错误检测可以使用如下方法进行：比如校验位核对、循环冗赘核对（CRC）、内置错误报告和检测码。供应商通常会将这些方法作为网络系统不可分割的一部分进行提供，并且内嵌在通信控制程序中。

（2）入库水文数据的数据属性检查，可以通过如下方法进行：与已知传感器的测量范围进行对比、与数值自然上限和下限对比以及与所测数据变化率的极限进行对比。不同项目应有各自的阈值。验证系统应该生成一份报告，其中包括识别出来的所有有嫌疑的项目或者可能有错误的数据。

通过有经验的人肉眼检查标绘的数据时间序列，是快速有效的检测数据异常的技术之一。基于这个原因，绝大部分数据验证系统都内置了制作时间序列图的工具。一个数据或其变化趋势的迅速变化经常是不正确的。与临近站点过程线的对比，也是一种检测站点间数据一致性的简单有效的方法。

验证方法通常分为三类：

（1）绝对值检查：这意味着数据或代码值有一个取值范围，永远不会超出这个范围。因此，站点的地理坐标一定在国境线之内，日期一定在 $1 \sim 31$ 之间，并且在数字编码系统中，字母数字混合的字符，比如 43A，不能存在。无法通过这些测试的数据一定是错的。通常确认并改正这样的错误很容易。

（2）相对值检查：这包括以下三个方面：

1）预期变量范围。

2）连续观测中变量预期最大变化。

　　3）相邻测站之间变量的预期最大差别。

　　范围限制应该放宽，以允许以前未出现过的极值，在实际运行中不一致的数据应存储并可管理。这些技巧的使用取决于观测站网的密度以及变量的空间变异性。洪水预报站网更多是根据站点位置而设定，而非具有一般性的水文气象网络，所以有些空间变异性标准可能并不适用。

　　（3）物理统计检查：这种方法通过相关变量的回归分析来预测期望变量值。例如对比水位和总降雨量、对比蒸发与温度等。这些检查与稀疏网络的观测格外相关，因为唯一的检查方式就是与有更密集观测网格的相关变量进行对比。绝大多数相关和物理统计检查均是基于时间序列、相关性、多元回归和曲面拟合技术实现的。

6.2.3　遗失数据填补

　　洪水预报系统的有用性高度依赖可获得数据的完备性和一致性。然而，通过估计填补遗失的数据会严重危害其对于某些特定目的的价值，比如在一次洪水中为遗失的点填补入一个系列均值就不合适。估计的数据应被标记，以使得它们的存在对使用者而言显而易见，并且易于追踪。

　　数据内插方法必须小心使用，比如对于降雨而言，当暴雨的分布特性必须足够有规律时才能使用。这种方法只对用雨量计测得的单点雨量观测值有效，不能从像素点或者像素块序列中插补遗失的数据。水文记录的缺口可以用直线或曲线填补，如果插补后的数据过程线与两旁数据都保持一致性的话，不推荐使用通过相关性分析得到的合成数据来填补数据记录的缺失。

6.3　数据开发与管理

6.3.1　洪水预报预警系统的数据管理

　　水文气象数据的收集必须遵循一定的流程，即进入系统、通过验证、分发或者在决策过程中使用。不管系统规模大小或者运行的目的是什么，这都是一个最基本的流程。

接收中心的主要职能是通过遥测收集数据、进行数据检查和验证和处理数据并将数据分发给用户。这些过程需要一套全面的信息处理系统。遥测的要求在前面的章节中有详细的介绍。本节将重点介绍数据存储、访问和分发，以及说明他们在数据管理过程中的位置。

6.3.2 数据存档

1. 数据持久性

洪水预报和预警系统的数据库必须区别于广义水资源应用中使用的数据库类型，应被视为一个独立实体。在洪水预警业务中心获得的数据也应该以一种可靠和永久的方式（即归档）保存。这将为审查和分析过往表现、对比历史事件提供一种手段。即使处理单元或工具被替换，数据的持久性也必须得到保证。最好的办法是建立一个独立的数据库，它不依赖于特定的外围设备、终端或数据传输的格式。

确定洪水预报预警产生的大量数据中哪些需要被储存十分重要。数据管理过程中从数据的记录到发布有许多阶段，并且每一个阶段可以表示为一个或多个不同的数据集。而另一个极端，如果归档只是作为处理和验证数据的汇总而存在，是没有办法理解数据是如何得出、如何测定和其潜在的局限性的。最佳结果是落在这两个极端之间。

数据存储水平由多个因素来确定，如可用的存储空间、可用于存储和文档的资金，以及工作人员情况，需要在存档的完整性和可用资源之间进行权衡。对于一个业务部门，如洪水预报和预警，存档系统可能仅限于原始数据和最终数据集以及决策过程的记录。以下五点是和洪水预报预警系统有关的数据归档的共同点，如下：

（1）原始数据文件必须保存，这将在很大程度上成为遥测数据的原始记录，例如翻斗式雨量计（TBRs）翻转的次数，但可能包括雷达雨量记录和操作记录。

（2）所有处理过的数据集应有详细的描述性记录来说明其与原

始数据集的关系，例如仪器的详细信息及位置信息。

（3）对数据系列的批量更改需要注明并指明与之对应的数据，例如指出其中一段时间的水位数据的基面或将一段时间的水位记录根据水位流量关系曲线转化为流量等，这些本身也应作为数据集而存在。

（4）对单个数据进行的更改，例如对缺测数据进行插补或者编辑。

（5）数据集应该有一个综合目录来表明哪些数据已经进行了处理以及为什么进行处理；任何用户应能理解编辑的原因以及改变数据的方法。

2. 数据存储

实际上，数字数据的任何集合都可以称为数据集，其结构和功能需要通过数据系统管理者来决定。开发数据存储系统时，必须加以考虑一些重要的标准。这些标准如下：

（1）安全性，包括访问和各种用户权限的管理。

（2）易于维护。

（3）成本，包括初始费用和日常开支、任何软件许可要求、运维和贮存。

（4）易于查询。

（5）现有数据查询工具的能力。

（6）便于其他查询工具的发展。

（7）包括链接到其他数据源或数据显示软件（如 GIS）的能力。

（8）适合于现有 IT 基础架构的需求和员工的能力。

（9）元数据系统可以提供关于数据库中数据的足够信息。

（10）能够允许通过链接到网络服务器和 Web 服务器进行网络或远程访问。

国家级的大型洪水预报预警网络拥有现金的要求，如自动运行、实时数据加载、链接到复杂的分析工具和允许多个分散的内部和外部组织的用户访问等。这样的系统通常需要大量的、昂贵的技术支持，用户培训和工具定制开发。在最小的尺度上，例如对于一个水库或城市而言，仍然需要一个小型的数据库，或许仅仅有一个人在使用。这样的数据库可以小到足以通过 E－mail 发送给其他用户，例如从下级洪水预警单位发送给中央管理机构。

3. 数据显示和报告

所有数据管理的目的应该是能灵活的显示或者打印以图形、表格或者格式化的报告形式展示的数据和信息。在数据采集的每个间隔或时间步长、从时间序列中批量或周期性提取数据时均应提供这些功能。系统还应包括一个查询功能以提供用户所要求的输出。

地理信息系统在洪水预报预警系统中有很重要的作用，具备在空间上同化并显示数据的能力。快速绘制和显示信息的能力使我们能够更有效地了解要发生的事件。在洪水预报预警系统中有用的空间数据包括监测区域的地图、数字高程模型、雨量等值线、报警信号和洪水淹没区等。数字数据的呈现是信息传播的一个重要组成部分。可以创建降雨覆盖范围的数字地图，最有效的方法使用雷达数据，使用点雨量数据也可以。

虽然洪水预报预警服务的主要目的是提供关键时刻的相关信息，但是收集到的信息也具有很重要的参考价值。因此，许多洪水预警组织被要求出示事后报告，其中既包括造成这次事件的气象和水文方面的信息，还包括采取的行动、结果、影响和汲取的教训。通常这些报告都是内部交流并作为政绩考核的手段。当重大事件发生时，这些报告可能会成为更重要报告的一部分。在 1998 年、2000 年和 2007 年的大洪水时，英国最高权力机构就要求提交这样的报告。

一些洪水预警组织也有编写年度报告，例如孟加拉国洪水预报预警中心。这些报告不仅用于回顾汛期的洪水事件和表现，还用于建立洪水规模和影响的历史比较。

6.4　数据发布

无论是在洪水预警还是决策制定中，数据只有被使用才能体现出其价值。为了确保数据能被顺利使用，数据信息本身要有较好的质量、清晰的格式，还要易于被用户获取。因为很多用户通常不是收集和处理数据的学科专家，因此要认真考虑用户的需求和信息表现的手段。

洪水预报和预警数据的潜在外部用户可能包括其他政府部门的工作人员、公共和私营基础设施管理者、民间应急和紧急服务以及政府高层决策者。这些广泛的潜在用户的要求可能各不相同，有的只需要一条河流一个点的数据，而有的可能需要一个区域、整个国家，甚至与跨境河流相关的很多国家的数据。所有这些，都具有一些相同的一般化的需求，如下：

(1) 哪里会发生洪水。

(2) 什么时间会发生洪水。

(3) 洪水有多大。

(4) 洪水会持续多久。

洪水预警的发布在本手册的第 8 章进行详细论述。其他需要考虑的是国家分享数据的态度、公共信息政策和知识产权等。因此，一些国家可能会限制地图信息的发布，其他国家可能有法律责任问题和跨界敏感问题等。

数据传播的类型有政府正式声明、内部合作伙伴间的预警、媒体简报与警告等。这些都要求预报预警信息必须迅速转换为一系列格式进行传输。传输可以通过电话、传真、E-mail或网站。每个媒体在可靠性、人力需求和可访问性方面都有它的优点和不足。

互联网技术正越来越多地被使用，许多国家的洪水预警组织都建立了公开的网站。建议有兴趣开发网络服务的国家或区域组织访问一下这些站点，了解可能涉及的细节及详细程度。保持网站更新和高水平的访问是极为重要的，这项工作最好是由网页设计和管理专家来完成。这些专业技能需要组织内部保留或开发，以满足网站继续发展所需的能力要求。国家防汛预警服务网站范例见表6.1。

表6.1　　　　　　　　　**国家防汛预警服务网站范例**

国家	合作机构	网址	输出
英国	环境机构	http：//www. environment-agency. gov. uk/homeandleisure/floods	信息发布、位置图
澳大利亚	气象局	http：//www. bom. gov. au/ australia/flood/	信息发布、国家、区域、流域地图
孟加拉国	孟加拉国水资源开发委员会	http：//www. ffwc. gov. bd	信息发布、国家地图、站点水位与预报
美国	NOAA国家气象局	http：//www. nws. noaa. gov	信息发布、国家、区域、流域地图、站点水位与预报

第 7 章　新技术的应用潜力

7.1　简介

过去 20 年间，洪水预警预报能力的提高主要得益于电子监测、遥测技术和计算机能力的快速发展。在这一发展过程中，很多手工劳动以及劳动对象已经从离线的水文设计和洪水预报转换为实时在线操作。这一转换过程中，产生了一系列新技术，包括遥感、数值天气预报、地理信息系统，以及模型与数据（同化）之间的交互技术，下面的章节将对这些技术进行回顾。其中很多技术已经在发达国家和地区投入运用，因此可能不会被当做新技术。但是，本指南的重点是为试图提高洪水预警预报能力的国家的水文机构提供指导，而这些机构需要了解这些技术及其优点、缺点。

7.2　遥感

7.2.1　雷达

利用雷达测量降雨已经不是新技术了，这里不再深入讨论。众所周知，与点状分布的雨量计相比，雷达技术的主要优势在于能够测量面降雨量，因此能够更准确地反映降雨的空间分布。此外，其输出结果适宜于栅格模型，而这种模型的应用越来越广泛。但是，在实际操作中，雷达技术的测量精度存在局限性，主要体现在测量范围、信号衰减和校准等方面。也就是说，与雨量计相比，利用雷达技术测雨并没有像最初预期的那样表现出极大的先进性。如今的多普勒雷达设备已经是第二代产品了，一定程度上解决了信号衰减的问题。雷达也有小型的，甚至是便携式的，可用于局部地区（尤

144

其是城市地区）的雨量监测。雷达和数值天气预测技术的结合应用在短期预报模型方面取得了了相当大的科学进步，使得预测暴雨云团的发展和衰变及其相应轨迹成为可能。

此外，雷达还有两个固有问题，第一是费用，第二是关于将纯视觉性的雷达回波图转化为数字输入的方法。对发展中国家建设雷达系统而言，这两点都是不可忽略的问题。基本建设费用会很高，而校准和维护等运行费用同样很高。如果校准和维护费用不足，雷达设备测量的数据就会不可靠，那么投资的基建费用就浪费了。雷达观测最好近地面安装并组网运行，相邻雷达之间的距离不能超过200km，以使扫描区域能够有所重合，这样才能提供空间精度为1km 或者 2km、时间精度为 5min 的观测数据。这增加了在全国或大流域安装雷达系统的成本。

7.2.2 卫星

河流的洪水预报在很大程度上依赖于天气和降水预报，因此依靠传感器从气象卫星上获取对地观测（EO）数据十分重要。成立于 1984 年的国际卫星对地观测委员会（CEOS），旨在协调民用卫星对地观测任务。目前，共有 28 个空间机构以及 20 个国家和国际组织参与国际卫星对地观测委员会的规划和活动中。

用于水文预报的卫星数据来自同步卫星和极轨卫星。同步卫星（GOES）的轨道周期为一天，能在赤道上空 36000km 处保持静止。极轨卫星的轨道周期为 1～2h。

美国宇航局（NASA）已经出资支持一项卫星监测项目，未来还将继续出资支持。这一项目计划将全球 3h 的实时和整编降雨数据装载在一个文件传输协议（FTP）服务器上，各国可以免费获取这些数据。这项举措同时需要大量资源来支撑地面校准点以及相关研究来提高空间降雨的观测精度。美国的海军研究实验室（NRL）和欧洲气象卫星应用组织（EUMETSAT）也在进行同样的探索，以提供实时的整编数据。

AQUA 卫星是美国宇航局对地观测系统（EOS）的一部分，卫星装有 6 个先进仪器，用于观测地球上的海洋、大气、土地、冰雪覆盖区域和植被。这些仪器的测量精度高、空间细节多、时间频率高。利用 AQUA 卫星和其他对地观测系统得到的数据，最大的潜在优势在于提高天气预报的精确度。例如，AQUA 卫星上装有一系列复杂仪器，通过配合使用湿度廓线，对地球对流层 1000m 厚云层内的大气温度测定误差不超过 1℃。

同步卫星的功能已经稳步提升，数据更新速度不断加快（时间尺度少于 30min），空间分辨率不断提高。同步卫星平台上的降雨预测采取基于红外数据的算法，以云团增长和地表降雨之间的关系为基础。对于对流性降雨，这些算法非常适用；但对薄层状降雨而言，这些算法的效果较差。然而极轨卫星在水文预报中能否发挥作用，在很大程度上受制于卫星的过境频率。未来几十年内，综合使用极轨卫星和同步卫星系统可能会成为水文预报中重要的降雨预测方法，尤其是在雨量监测站网少、无雷达覆盖的大型流域，这一系统特别有用。

热带降雨测量计划（TRMM）卫星（美国宇航局哥达德太空实验室计划）很好的证明了极轨卫星的降雨观测能力。除了微波和红外成像器之外，TRMM 卫星还搭载了一个降雨雷达。可以登录网址 http：//trmm.gsfc.nasa.gov 查询各种累计降雨数据以及其可能造成的洪水和滑坡事件。图 7.1 显示了澳大利亚北部季风季节

潜在洪水区　洪水区　严重区

（a）2009 年 2 月 3 日 TRMM 卫星输出的　　　　（b）同时间的 TRMM 卫星洪水风险信息
澳大利亚北部 3h 累积降水

图 7.1　TRMM 卫星输出的澳大利亚北部 3h 累积降水和洪水风险信息

某场降雨的 3h 累积降雨图以及降雨可能引起的洪水事件图。

在更大范围内，全球性的降雨监测［全球降雨测量计划（GPM）］是一项持续几十年的长期性项目。为支持这一活动，联合国教科文组织同世界气象组织及欧洲太空总署（ESA）专门签署了一份合作协议，未来其他国家和区域团体也将加入进来。除合适的卫星遥感平台之外，还需要高规格的地面数据采集平台提供有效的地面实测信息。人们期待未来十年里，多频固态扫描雷达卫星能成为气象界较为普遍的仪器。然而，人们也担心信息收集领域无法持续进步。处于运行状态的卫星传感器数量正在下降，与此同时，洪水预警预报需要的信息越来越详细，而传感器技术的发展可能无法满足这一要求。尽管人们认为，为了洪水风险管理有必要继续发展对地观测，但各国政府和国际机构在遥感项目上的投资却在不断减少。

7.3　数值天气预报

如今，大多数气象工作都采用复杂的大气－海洋模型，并用模型输出的数值天气预报结果支撑预报服务。数值天气预报的发展与遥感技术和对地观测技术的发展密切相关。数值天气预报极大地提高了预报精度，延长了天气预报的预见期，同时还改善了定量降水预报。本节将讨论数值天气预报在洪水预报工作中的适用性，以及如何将数值天气预报与洪水预警预报过程结合起来。

7.3.1　大范围河流洪水

导致大范围河流洪水事件的天气系统常常是大范围的，可以提前几天进行预测。启动数值天气预报模型的条件是，每 3~6h 便有大气底层 20km 范围内全球的风、温度和湿度数据，水平分辨率为 20~50km，垂直分辨率为 1km。水平分辨率接近 5km 时，全球海洋温度、冰雪覆盖等的观测数据也是模型的重要输入项。预报精度的提高严重依赖于观测数据。当前，现有卫星测量全球温度和湿度时，垂直分辨率精度相对较低，但未来几年内有望提高。通过卫星传感器，还能获得不同高度处风的信息。

7.3.2　对流雨和小范围河流洪水

导致对流雨和小范围河流洪水的天气系统常常是小范围的，与大范围天气系统相比，可预见性较小，其预见期通常是以小时来计算，而不是以天计算。因此，预报范围适用于响应时间较短的流域，也适用于河流洪水和城市洪水。

用于这类洪水预报的数值天气预测模型需要在区域或当地层面使用，可能需要两次降尺度才能从全球模型获取数据。在欧洲西北部，最合适的模型采用了北大西洋东部和欧洲西部大气层底部 20km 范围内每小时的风、温度和湿度观测数据，水平分辨率为 10～20km，垂直分辨率为 50～500m。若要预测雷暴雨天气的发展过程，则需要英国境内大气层底部 2km 范围内每 15～60min 的风、温度、湿度、云和降水数据，水平分辨率为 3～20km，垂直分辨率为 50～200km。为提高预报精度，还需要每日的海洋和湖泊温度数据，水平分辨率为 1km。目前，以上所需的大部分数据主要来自对地观测卫星和地面雷达，但一些现场资源，如商业飞机，也提供了大量的数据。输入数据的完善有望大幅度提高洪水事件的可预见性。现有卫星的功能远远低于需求，因此工作重点是提升雷达的功能，获取基于多普勒的风和湿度数据（通过折射率测量）。要实现这一目标，雷达之间的空间距离要小于 200km。对照这一标准，很多国家现有的雷达网络还存在明显的差距，测量精度也不足。

运行数值天气预测模型对计算机能力和数据的要求很高，需要政府投入较大费用和投资，仅有少数国家气象部门有能力获得这一级别的支持。尽管在全球范围内，一些结果通过网络可供人们使用，但事实上仅有一小部分国家气象部门或洪水预警部门在以离线模式利用这些结果，作为补充性背景资料或是用于一般性早期预警。然而，在国家或流域范围内，利用现有大气环流模型（GCM）的数据和边界条件从而建立各地的区域气候模型和当地气候模型还有很大的空间。

7.4 地理信息系统

在洪水预警预报系统中使用地理信息系统能够提供很多可视化的产品，与基本的地图应用程序和文本描述相比，包含的信息量大很多。通过利用空间关联的数据集和关系型数据库，地理信息系统能够提供连续的图层或是叠加图层，例如确定面临洪水风险的重要基础设施、确定洪水在河流或排水系统中的运动趋势。地理信息系统能够显示某一给定观测点的观测要素数据，例如水位、降雨量等。洪水预警预报的商业软件通常都带有地理信息系统界面，有时称作图形用户界面（GUI）。然而，地理信息系统工具需要补充很多信息，收集适当的数据集就是系统的重要任务之一。

就洪水预警而言，最重要的数据集就是通过数字地面模型得出的准确的下垫面资料。这些数据可以通过数字化等高线地图得出，但通常精度不高，特别是对于地形起伏不大的洪泛平原。从空中进行拍摄的航空测量法在很大程度上已经被数字机载测量所取代，后者主要采用激光雷达 LIDAR（基于激光扫描的技术）或是合成孔径雷达（SAR），要实现所需的垂直精度水平，即垂直分辨率为1m或更少，采用这些技术很有必要。通常人们认为激光雷达比合成孔径雷达更加精确。机载传感器和卫星传感器还可能提供洪泛平原模型中所需的糙率数据。

高分辨率的数字地面模型是绘制准确洪水淹没图的关键所在，孟加拉国洪水预警预报中心在绘制达卡及其周边地区的洪水淹没图时，便采用了数字地面模型达卡市基于未来48h预报的洪水淹没如图7.2所示。

作为开发河流洪水预警系统项目的一部分，英国也在使用激光雷达在空间狭小的城市地区确定可能存在洪水风险区域（《为水留出空间》，英国环境、林业和乡村事务部，2007年）。激光雷达的精度足以确定出雨洪聚集的小型低洼地区以及详细的洪水路径。图7.2显示的是在不同尺度范围内利用激光雷达预测城市洪水的情况。

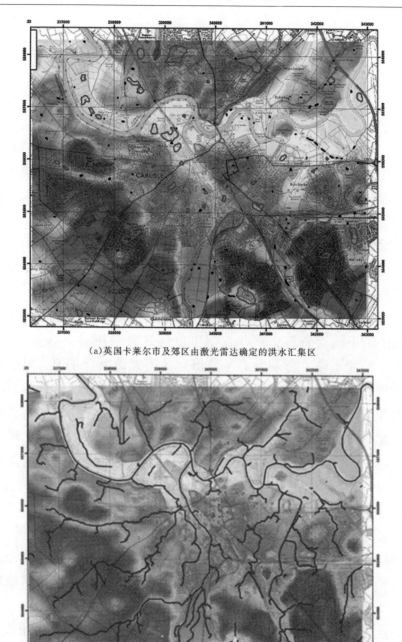

(a)英国卡莱尔市及郊区由激光雷达确定的洪水汇集区

(b)洪水路径

图 7.2 不同尺度范围内利用激光雷达预测城市洪水的情况

7.5 定量降水预报的改进

定量降水预报的主要优势在于能够提供一定时期内客观的降雨数值，从而代替了降雨预报中通常使用的主观描述，如"小雨""中雨"和"零星小雨"等。在印度半岛，对于主观描述的降雨情况，大多数国家气象机构都有与之对应的"伪量化"数据，见表7.1。表中数字精确到小数点后两位是不符合实际的，我们并不确定这些数字最初是从哪里得来的。因为并未给出相应的降雨周期，所以无法得知降雨强度，因此这一划分方式的用途进一步受到限制。预报数据通常是以行政区为单位的，所以也无法直接知晓降雨对流域的影响。

表 7.1　　　降雨预报的伪量化定义（印度和孟加拉国）

定性描述	降雨量/mm
小雨	4.57~9.64
中雨	9.65~22.34
大雨	22.35~44.19
暴雨	44.20~88.90
大暴雨	89 以上

显然，这种定义方式还需要根据不同的气候类型做出调整。此外，这一方式并未将降雨与其产生的影响建立必要的联系。对亚洲季风气候区来说，1h 降雨 20mm 并非大事，但对下垫面已经饱和的小型山区或是处于温带高度城镇化的流域而言，同样的雨量会造成严重的后果。

洪水预报中使用定量降水预报的主要问题在于怎样将定量降水预报信息加入到洪水预报模型中，这些信息包含定量降水预报的时效性以及可信度。

气象模型中提供的定量降水预报结果通常是像素格式的，适合作为基于栅格模型的输入项，但如果用于集总式模型，则需要进行区域和时间方面的整合。预报结果的空间分辨率与气象模型的模式有关。通常认为，要利用像素信息得到有效的降雨内插数据，则要求 3×3 像素或是线宽为 5 的像素组。因此，由于全球尺度气候模型的分辨率为数十千米，除特别大的流域外，对一般流域不是特别适用。英国的事后研究表明，适用于小流域洪水预警的模型栅格分辨率水平为 4km，如图 7.4 所示。数值天气预报模型（包括定量天气预报结果）的特征之一，为保证稳定性和精确度，要求模型内部进行平滑处理，因此分辨率尺度比栅格长度粗略许多。有人认为（Golding，2006 年）为保证模型精确平滑，通常需要 5 个单位的

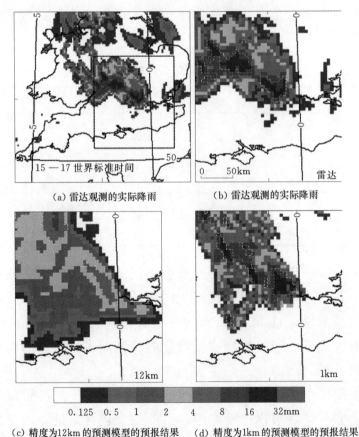

（a）雷达观测的实际降雨　　　　（b）雷达观测的实际降雨

0.125　0.5　1　2　4　8　16　32mm

（c）精度为12km的预测模型的预报结果　　（d）精度为1km的预测模型的预报结果

图 7.3　2004 年 8 月 3 日世界标准时间（UTC）15—17 时的累积降雨比较图

栅格长度，也就是说，空间尺度为 7.5km 以上时，栅格长度为 1.5km 的模型便可给出较好的预报结果；当空间尺度为 20km 时，应该用栅格长度为 4km 的模型进行预报。从图 7.3 可以清楚地看出，分辨率为 12km 的模型无法识别出两个重要地区的高强度和局地性特征。而在分辨率为 1km 的模型上，就很清楚地区分出来，而且同雷达测出的信息总体非常接近。

图 7.4 指出了空间分辨率和预报预见期的尺度对应关系。数值天气预报模型中天气系统的位置误差取决于其驱动力。如果天气系统无障碍地经过预报区域，根据距离地面几千米高度处风速的典型误差计算，则位置误差可能以每小时 6～8km 的速度增长。如果天气系统受到地形阻挡，则位置误差的增长速度会慢很多。通过分析单次暴雨事件的发展误差，表明可以提前 3h 左右预测到暴雨事件。可预见性是指识别一个可预测的事件。即时预报是指有能力对事件进行详细的描述，如天气系统的移动和定量降水预报。

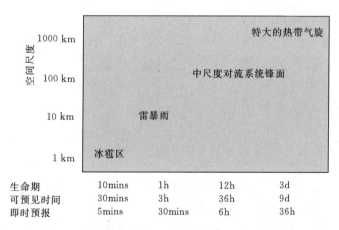

图 7.4　降雨系统空间尺度与可预见性之间的关系

如果预见期非常短，便没有足够的时间完整地运行数值天气预报模型，而且现有模型运行时对分辨率要求很高。因此利用近期雷达观测数据进行线性外插便成了一种经济实用的替代方法。就单次暴雨事件而言，该方法只能提前约半个暴雨周期的时间来预测降雨，也就是 30min，但如果是有组织的且持续时间更长的暴雨，则可能提前几个小时进行有效预测。英国现在使用的是短期集成预报系统，其除了能提供较好的定量降水预报估计外，还可在较小的且不可预测的尺度范围内通过干扰外插矢量和人工添加变量方法提供概率预报信息。空间分辨率为 4km 的数值天气预报模型与短期集成预报系统进行整合，可以利用其改善的暴雨表征信息。即时预报系统（提前 0～12h 预报）的位置精度主要取决于外插速度。尽管短期集成预报系统尝试通过结合几个相邻像素的预报结果来提高预报精度，但如果雷达图像间的像素尺寸为 2km，时间间隔为 15min，则雷达追踪数据只能精确到 15min 1 个像素尺寸，或是 1h8km。暴雨周期过半后，发展误差占据主导地位，这时才能使用线性外插法预测暴雨的整体移动情况。

在一定程度上，定量降水预报固有的误差范围限制了该方法的使用，其不能作为水文洪水预报模型的直接输入项，7.6 节将详细讨论这一点。实际上，这也使得定量降水预报可以用于业务工作程序中进行早期预警；或者大多数时候，定量降水预报可用于离线运行的预报模型中，以得出可能出现的情境。利用定量降水预报进行早期预警，推动了定量降水预报信息的完善。早期预警采取的是基于概率或基于阈值触发的预报结果，也就是预报结果超过根据当地情况提前设定的临界值时，便进行预警。基于触发因素的预警方式使用更为广泛，因为该方法提供了一个简单的数字，根据该数字就可以做出启动某一程序的决定。工程专业人员普遍关心洪水预警工作，他们对基于概率的预报方法持保留意见，因为该方法需要在状况本就复杂困难的基础上做出判断。

定量降水预报的另一用途是转化成径流数据，这项工作并不需要采用复杂的水文模型，而可以使用基于一种水量平衡修正方法。在英国，气象局地表交换项目中包含了概率分布降雨模型（MOSES‑PDA）（气象局和生态水文中心），能够在决策支持框架中提供将定量降水预报转化为径流的功能。美国也采用类似方法以提供洪水预警信息。水量平衡方法的优点在于，该方法考虑了流域情况。因为在一些下垫面水量饱和的区域，为应对最糟糕的情况，触发早期预警的降雨值可能设定为较低的数字，这样可能会造成大量不必要的假警报。

7.6 预报不确定性和水文集合预报评估

第4章已详细讨论过建模过程中的不确定性问题，本章重提这个问题的目的在于分析最近的一些操作实例。所有预报活动都存在不确定性，处理这一问题最有效的方法就是使用集合预报。与水文预报相关的不确定性首先来自气象。考虑到所有中尺度的大气模型都试图模拟出大气无序的本质，所以这一领域一直是这些年来不确定性的主要来源。

不论使用何种模型，误差的存在是不可避免的，因此误差必然成为概率预报的一部分。调查显示不同研究团队对概率预报的接受程度存在很大区别（Fox、Collier，2000年；Journal of Hydrology，2001年——关于概率预报和集合预报的特定问题，249卷）。即使是在技术先进的水文预报机构（例如加利福尼亚河流预报中心），人们仍然偏爱确定性方法。我们必须假定，即使用户可以通过利用概率预报的决策支持工具来获得帮助（见7.7节），克服这种障碍也是一个长期的任务，且需要进行大量的培训。第4章中已讨论过，尽管性能统计能够用于评估预测流量和预测峰现时间与实测流量和实际峰现时间之间的匹配程度，但还是需要进行一系列事件分析工作，以检验其业务运行性能。事件分析包括对天气预报的过程和出现时间、所收到的预警进行检查，并分析预警预报是否准确，是否留出足够的响应时间。

2006年，英国气象局对提供给环境保护署用于洪水预报预警的气象预报结果和数据质量进行了详细的审查。气象局对强降雨预警、定量降水预报、雷达数据源以及暴雨、潮汐和海浪预报结果等都进行了严格的审查，以确定哪些内容应作为评估对象、应该如何评估，以及如何建立一个数据自动监测和评估程序（英国气象局，2006）。开发这个评估项目强调要在需要评估的数据与实际可评估的数据之间建立一个平衡。这种平衡是为了确定出哪些数据有用，人们有必要知道，而不是因为只要生产一个数字，就需要进行核查。这项核查工作的主要问题和结果总结如下。

英国气象局的审查工作强调，不仅在对选定的历史数据进行回顾性审查阶段，而且在后续业务运行的规划阶段，均需要处理大量数据。在英国，很多产品和数据都是以电子形式生成和发布的，这样就会导致一个问题，即怎样提取数据以用于审查目的，尤其是当需要对数据进行实时提取以及提取出来的数据格式还要便于进行各种操作时，问题更大。处理历史数据时，审查结果并未像预期的那样，给出的都是分析性成果，而是对方法进行了检验，并给出一个有用的指南，指出在业务运行阶段哪些数据可能适用，哪些可能不适用。

审查结果显示，不论是在历史数据进行回顾阶段，还是在计划后续运行阶段，地面实测信息的可用性和适用性都是限制因素。审查结果还表示，对预报产品和审查需求进行整合开发对两者都有益处。问题仍在于如何选择代表性、如何取样以及如何确定点信息和面信息的关系。

项目在分析结果时采用的是标准的统计方法。从总的审查情况来看，一些不同措施得出的评价结果差异不同，这就使得要构建一个可行的目标很困难。因此，虽然建议所有产品应该每两个月报告一次结果，但所有的结果都应该在更长的时间周期中进行评估，同时大多数统计数据应该以 12 个月滑动平均值体现。看单个统计数据的绝对值没有意义，但是某一特定变量一段时间内的变化情况则能够体现出预报质量的变化。该项目指出，在某些情况下可以利用范围或是置信区间作为评估预报精度的一个有用指标。

对众多的预报产品进行广泛的评估并非一件简单的工作，正因为如此，过去人们也探究这一评估过程是否有价值。然而，如果以一种更加客观的方式和更加好的方法对预报性能进行评估，则会产生相当大的益处。与对多个单次预报结果进行主观评价相比，这是一大进步，而不单单是获得一个成功或失败的印象。

7.7　将预报不确定性投入业务运用以提高决策水平

在全世界范围内，水文业务部门正在使用集合预报技术进行水文预测。集合预报技术的优势在于，在水文预报中允许考虑众多不确定性因素的影响。预报不仅仅应该给出某一系统未来最可能出现的情况，而且要给出可能出现后果的范围。事实上，与得知未来最可能出现的情况相比，用户通常更加关心出现灾难性后果的概率，最好能定量地给出概率估算结果。水文集合预报不仅是一种普遍的概率预测方法，同时也提供了一种能提高水文预报精度的方法。

近年来，一些国际机构如欧洲中期预报中心（ECWMF）已经开始研究基于中尺度对流系统集合预报方式的使用，从 2005 年起已经开始启动一项大型的、内部相互比较的水文集合预报试验研究计划（HEPEX）。水文集合预报试验计划的主要目标是联合国际水文气象团体，研究如何制定出对工程质量而言可靠的水文集合预报。也就是制定出可靠的预报从而有助于水资源管理部门进行决策，而这些决策将对经济、公共卫生和安全有着重要的影响。该计划希望水文业务部门和水资源管理机构的代表加入，以帮助确定和实施这一项目，其目标一是耦合现有预报工具，二是提高现有预报系统的质量。

水文业务部门要充分利用这些技术，还需要解决很多科学问题，以下便是其中一些问题：

（1）天气和气候预报的特点是什么？

（2）如何安全可靠地使用天气和气候信息（包括集合预报结果）？也就是说，如何将天气和气候预报的空间特征、时间尺度，以及水文系统的空间特征、时间尺度，最优地整合到水文集合预报系统中？

（3）怎样将天气预报中的不确定性转化成水文预报的不确定性？

（4）大范围的海洋—大气现象（如厄尔尼诺现象）如何影响短期、中期和长期的水文预报？

（5）天气气象预报和初始水文情况对水文预报的质量有何影响？

（6）如何校验水文集合预报结果？怎样做才能让人们对某一预报系统的可靠性有信心？

（7）预报员的角色是什么？

在美国，国家海洋和大气管理局（NOAA）下属国家气象局（NWS）推出一项高度发达的先进水文预报服务（简称 AHPS）。作为气候、水资源和天气服务新成员的一部分，AHPS 是一套基于网页的预报成果，其中包括洪水预报成果。不同的显示界面提供了关于洪水量级以及发生不确定性的信息，信息可以提前几小时、几天或是几个月发布。

AHPS 成果的最初发布是在 1993 年美国中西部大洪水发生之后（1997 年中西部再次发生大洪水），现在已覆盖绝大多数大流域。AHPS 综合利用复杂的计算机模型和多源数据生成成果产品。各种资源包括超级计算机、自动测量站、地球同步观测卫星、多普勒雷达、天气观测站以及被称作自动气象交互式处理系统（AW-IPS）的计算机通信系统。水文预报工作涉及全美国近 4000 个地点，预报由河流预报中心制定，地方办公室负责将成果发布给广大用户。

预报信息以用户友好的图形成果展示，例如一条河流的预报洪水位将达到什么高度，以及何时可能达到峰值。其他信息包括：

（1）一条河流发生小洪水、中等洪水和大洪水的概率。

（2）90 天内，一条河流的某一具体地点发生超过一定水位、水量和流量事件的概率。

（3）一张关于预报地点周围区域的地图，地图信息包括可能被淹没的主要道路、铁路和地标建筑，以及其他信息，如历史洪水的水位。

先进水文预报服务网站的另一个特点是显示流域地图，而且沿着河流布设了很多点，每个点的具体信息都可获知。图 7.5 显示就是一个典型的流域预报图。从显示界面上可以评估风险区域内的各个站点，并得出现有水位图和预测水位图，图 7.6 就是一个典型例子。该图表明了一条河流的水位、流量和水量在预见期内（标注在图上方）超过不同水平值的概率。对于这一预报地点，通常还可以得出一个或多个其他变量的情况。条件模拟线（CS）表明河流水位超过根据现状确定的特定水位的概率。历史模拟线（HS）表明河流水位超过根据所有历史数据确定的特定水位的概率。

重要河流洪水预报
密苏里流域河流预报中心
有效期：2010 年 8 月 5 日 10:58:32

制作时间
3/5/2010 10:58:32 AM

▦重要河流可能发生洪水　▨重要河流很可能发生洪水　■重要河流正在或马上发生洪水

重要河流洪水的影响包括：受不利影响的道路，受影响的住宅、商业、工业、农业领域，可能需要疏散人群。

注意：本预报中不包括山洪或小河流洪水。

图 7.5　一张标示密苏里流域洪水风险区的典型先进水文预报服务预报图

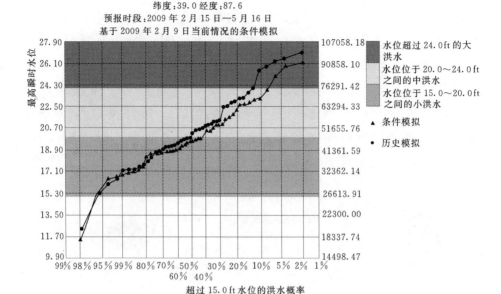

图 7.6 利用定量降雨集合预报作为输入的沃巴什河先进水文预
报服务的洪水预报各阶段概率水位线

[条件模拟（CS）线表明河流水位超过根据现状确定的特定水位的概率；历史模拟
（HS）线表明河流水位超过根据所有历史数据确定的特定水位的概率]

参 考 文 献

Department for Environment, Food and Rural Affairs, 2007: *Making Space for Water. Feasibility Study into Expanding Flood Warning to Cover Other Flood Risks*, Technical feasibility report (reference RF5). London, Defra.

Fox, N. I. and C. G. Collier, 2000: Estimating mediumrange catchment flood potential. *Journal of Hydrology*, 237: 1 - 16.

Golding, B., 2006: *Performance of Met Office Forecasting Systems as a Function of Lead Time: Report to Environment Agency*. Exeter, The Met Office.

Journal of Hydrology, 2001: *Probabilistic and Ensemble Forecasting in Hydrology* (K. P. Georgakakos and R. Krzysztofowicz, eds). Volume 249. Special Issue.

Met Office, 2006: Baseline Assessment of Current Forecast Services to the Environment Agency. Phase 1: *Evaluation and Methodology*. Exeter, The Met Office.

第8章 洪水预警机构及组织

8.1 终端用户及其需求识别

洪水预警将预测或预报转化成采取众多行动所需的信息，其根本目的是使个人和社区能够恰当地对重大洪水威胁做出响应，减少人员伤亡和财产损失。洪水预警的终端用户是大众，洪水对他们的房屋、财产、土地、牲畜和运输都会产生影响。洪水预警最基本的要求是保证人们有时间采取必要行动并进行安排，包括落实各种防护措施、携带重要财产和牲畜转移到安全地带。因此，对处于风险区域的人们来说，洪水预警应告知他们洪水发生的时间过程及程度，便于他们了解自己需要做好多长时间的响应行动和洪水影响范围有哪些，最重要的是，哪些逃生路线和避难场所可以使用。

一般来说，发布预警的组织与其他职责分工不同的众多机构之间存在多层互动关系，后者主要负责处理洪水可能带来或已经实际产生的影响。很多情况下，每个相关机构在洪水期间都有自身的运作体系。我们还要认识到，根据洪水发展的不同阶段以及严重程度，每个机构的参与程度和方式也会有所区别。负责发布洪水预警预报的组织要能够较好地了解其他相关机构的职责和责任，这一点非常重要。主管部门，如应急规划部门或是其他高级别的中央政府机构，负责确定这些相关部门如何发挥作用，并协调召开常规的计划会和总结会，这样能够保证所有相关机构都能获得信息，了解组织结构或是分工调整，吸收以往洪水事件的经验教训，提高未来的工作水平。

整个洪水预警过程涉及众多信息链和信息块，它们通常会不断发生变化，以适应以往和现在的需求，因此洪水预警工作没有"正确"的模式可供遵循。通常，一个组织发布洪水预警的对象包括内部员工、其他政府部门、新闻媒体和公众。如果发布洪水预警的组织还承担部分水资源管理的职能，内部预警的目的在于使员工做好采取其他防洪措施的准备，主要包括：

（1）组织人手成立事件控制中心。

（2）为更高层次的报告配备现场观测人员。

（3）预警应急维修和维护小组，防止防洪设施遭到破坏。

（4）便于负责公共媒体关系的员工充分掌握洪水事件的相关信息。

（5）确保定期更新电子数据和信息媒介，例如公开的互联网网址。

外部预警的对象通常包括：

（1）与防洪应急管理有关的其他政府部门。

（2）地方政府部门，例如城镇和地区议会。

（3）紧急服务人员，尤其指警察、消防队，极端情况下还有部队。

（4）加入救灾救援的非政府组织（NGOs），例如国际红十字会（ICRC）、乐施会和美国国际开发救援署。

（5）公共信息平台、新闻媒体。

（6）需优先考虑的建筑。

8.2　预警范围确定

洪水预警的范围需要具体到特定的流域和河段，但早期预警范围可能确定为某一地理区域，区域内的许多河流都可能受到影响。洪水预警与较早的气象预报相关，可以如下表述进行发布："一股暖锋正从西边移来，将会带来持续数小时的大降雨，威尔士部分地区可能会遭遇洪水威胁。"

不论是上游水量下泄引起的洪水，还是受高潮位或排水堵塞影响形成的下游河道洪水，将河道划分为不同河段都有助于启动和发布河段的洪水预警。河段长度的设定取决于流域面积，洪水传播速度也是考虑因素之一。因此，对大河而言，像莱茵河和恒河，洪水传播时间需好几天，所以河段长度可以取为数百千米。而在一些小流域，洪水传播时间只需 1～2 天，因此合适的河段长度可为几十千米。一个河段的上游和下游可能都设有洪水预警断面。但是，只有在知道濒河区域可能会受到何种洪水影响，或是知道河段内哪些地区是易受洪水侵袭的情况下，这一方法才会发挥作用。

在英格兰和威尔士，英国环境署正逐渐摒弃这种以河段为基础的洪水预警方法，更加关注那些洪水风险高、受洪水影响大的特殊区域。根据这一新方法，洪水预警的重点是流经城市地区的河流，以及通信线路和其他重要基础设施可能存在风险的关键地点。

预警区域的确定还必须符合事件管理和操作的要求，这就允许组织层面可以分为不同层级，最基层的组织负责协调预警和现场行动，例如协调应急抢险队伍、与社区和警察进行联系等。负责大型洪水事件资源总体管理和协调的组织，通常会联合几个较小的业务部门。除此之外，还会有一个国家机构，能够在大洪水期间进行较高层面的协调，并向高层汇报。

8.3 气象和洪水预警的预见期

8.3.1 总体考虑

关于预报事件的预见期没有硬性规定，取决于具体工作需要和一系列考虑，原则上包括：

（1）流域面积和洪水特性：大流域的洪泛平原面积较大，因此响应时间较长；相反，流域上游源头区通常位于地势陡峭的山区，提前进行洪水预警的可能性较小。

（2）洪水风险及其产生影响的性质，是否进行转移或是否提供保护措施（例如沙袋、堤防加固）。

（3）是否采用分级预警。预见期不仅取决于适当的洪水预警行动，同时也与可获取的信息类型有关。下面各节将讨论气象预警和洪水（水文）预警的作用。

8.3.2 气象预警

为洪水预警服务的气象预警是从更加综合性的天气预报工作中衍生出来的。图 8.1 阐述了多种天气预报模式的预见期与响应行动之间的关系，图中信息基于英国气象办公室和环境署洪水预警机构之间相互协调的案例，但不论范围大小，也不论哪个国家，原理都是相似的。

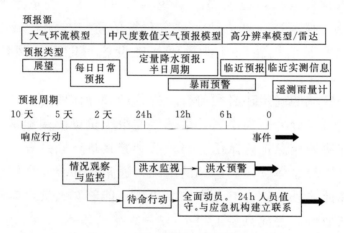

图 8.1 洪水预报预见期示意图

对洪水预警过程来说，预报周期为几周或是几个月的长期预报信息不够详细或是准确的，尽管人们为了提高长期预报精度，在研究、开发方面做了大量工作。在每年洪水发生情况比较规律的地区，如亚洲季风区和非洲热带辐合区（ITCZ），提前预报有助于采取准备措施，因此长期预报会有所裨益。例如，南非水务与林业部在前期规划中就采用了对厄尔尼诺事件的长期预报结果。

现在的主要天气特征，如风暴路径，未来 5～10 天内的预报结果可信度很高。这种预见期的结果在大型流域和地区最有用处，尤其是流域内河道正处于高水位或是存在融雪风险时，通过预报可预知一场涉及范围较广的天气事件。这一周期预报的主要作用是让人们做好准备。

5 天以下的预报结果能够提供更加详细的降雨地点和降雨强度信息，但是详细程度仍不足以支撑具体地区的预警工作，预报能给出降雨量信息，但降雨过程却不清楚。天气预报的预见期低于 2 天时，预报结果才能对洪水预警过程产生作用。大流域的河道水位较高时，水位进一步上涨会影响存在洪水风险的区域及交通，因此在此期间对大暴雨进行预见期为 2 天的预报非常重要，例如位于印度和孟加拉的恒河－布拉马普得拉河三角洲在季风季节就是这种情况，欧洲的易北河、莱茵河等大型流域也有类似情况。即使是在响应时间低于 1 天的流域，短期预报也有助于负责洪水预警的部门初步作出人员配备、地区防洪措施准备等方面的决定，如有需要可能要向公众发布警告或早期预警。

洪水事件临近时，不论是处于发展阶段（突然发生暴雨或是低气压来临）还是严重洪水已经影响了毗邻流域，详细的天气预报是帮助进行洪水预警决策和采取行动的重要工具，具体流域以及流域内存在洪水风险的地点便能提前得到预警。在日以下尺度，尤其是预见期为 6～12h 的时候，数值预报能够为洪水预报模型提供足够详细的定量输入数据。现在英国使用的是短期集合预报系统，随着预见期接近零，该系统可逐步同化卫星和雷达数据。因为数据是基于栅格的，因此也非常适合作为分布式模型的输入项。英国环境署有一项服务标准，进行洪水预警的预见期最少为 2h，这样在一些响应时间非常短的流域，根据天气预报发布预警也是可行的，但是到今天为止还没有正式实施。美国是根据气象条件进行山洪预警。

天气雷达尤其适合提供预见期较短的信息，在紧急情况下可及时更新和提供更多详细信息。时间间隔为 30min 或 1h 的一系列雷达影像图片能够较好地确定出暴雨移动路径和发展过程，据此可以向将要发生暴雨的流域提供预警。预见期取决于导致降雨发生的天气系统的特征。由冷暖气流交汇或是低气压造成的降雨，可提前数小时进行追踪；但发展迅速的对流云团，其局部运动可能更加多变，只能提前1～3h进行预警，与其生命周期一致。

8.3.3 洪水预警

基于水文的洪水预警取决于已知的（观测的）河流情况和洪水预报，这一过程可简可繁，既有上游、下游之间简单相关的技术，也可以采用以复杂的水文或水力学模型为基础的预警系统。就气象预警而言，河道内洪水的预见期以流域面积和响应时间为基础，但前提条件是，在预测出洪水事件之前，河流系统应该已经开始对该事件作出响应。在一些大河流上，例如尼罗河、印度河和拉普拉塔河，洪水向下游传播需要一定的时间，因此允许提前几天发出预警。河流规模较小时，可以设定一个最短的预警预见期，这一时间能反映出预警机构及时接收数据和做出预报的能力，以及实施必要响应行动的时间。这一下限值主要是针对坡度较陡的流域或是城市地区。

图8.2体现了信息、预见期和响应行动之间的关系，方式与图8.1中的预报过程类似。这一过程中必须要对观测信息和预报信息进行比较，以控制响应行动，特别是与应急机构及其他不参与洪水监测机构的联系，留出足够的时间以提高响应等级或是降低响应等级。

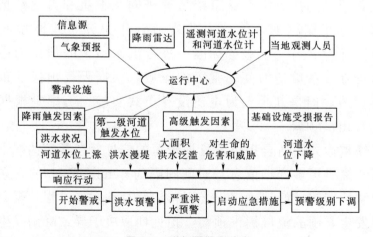

图8.2 洪水预警和响应

8.4 预报等级选择

洪水预警取决于河流临界水位或降雨量等"预警阈值",这些"预警阈值"意味着洪水就要发生或是变得更加严重,要启动特定响应行动或是向外部人群提供相应信息。根据"预警阈值",可以决定在洪水期间何时该采取行动,所以设定"预警阈值"时,应该给采取响应行动留出充分的时间。例如,当河流水位达到特定预警水位时,可能意味着某一地区或社区几小时后将被淹没,应采取疏散撤退等响应行动。与降雨相关的"预警阈值"如下:

(1)给定时段内累计降雨超过临界值,例如12h或更短时间降雨超过100mm;根据不同季节,需要对这一临界值进行调整。

(2)累计降雨量和流域湿润情况。

(3)降雨强度超过特定值;这一点对城市地区尤其重要,因为降强雨可能超过了城市的排水能力,且也可能发生突发性洪水。

与水位有关的"预警阈值"如下:

(1)河流水位上涨到接近设定的预警水位,例如低于危险水位1m;

(2)水位上涨速度超过临界值,如每小时上涨25cm。

设定"预警阈值"时,需要对当地情况进行仔细研究,因此当地社区的建议和理解便非常重要。"预警阈值"不能随意设定,也不能是某个机构制定的标准,例如距"危险"水位不到1m,而是要结合当地情况和风险特点。若是考虑水位标准,则需要结合重要事件,如下:

(1)洪水溢出河道进入洪泛平原的水位。

(2)洪水淹没家畜养殖地区或是低洼地面的水位。

(3)重要区域,包括住宅和商业区,以及通信系统受影响的水位。

(4)同时考虑水深和水流速度时,会对工程和人类生命造成威胁的水位。

在为城市洪水预报设定合适的"预警阈值"时，所选指标应基于那些能导致洪水发生概率较高的预报（至少有 30％的发生概率）。图 8.3 阐述了洪水预警等级的总体设置。图 8.4 阐述了降雨预报到警报级别下调过程中预报和预警之间的关系。

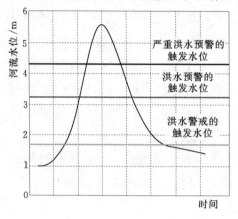

图 8.3   不同洪水预警等级的
触发水位设置

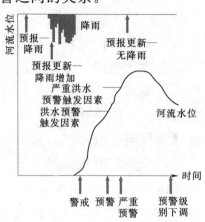

图 8.4   洪水预报预警图解

设定"洪水预警"的阈值时，要考虑到现实状况不能频繁达到这一阈值，以免启动不必要的响应行动或是造成混乱。频繁触发预警还会导致管理者和公众思想懈怠，不重视预警。如果发布过多的假预警，也会存在同样问题。因此，在提前预警和因为害怕出错而不愿意发布预警这二者之间寻求平衡便很关键。分等级预警系统在一定程度上可以解决这些问题，前提是要充分理解不同的预警等级及其代表的含义。如果情况有所改善或是预报情况改变，该系统应允许下调预警级别。

由于天气事件和水文事件的属性，"错误预警"在所难免。但长期看来，"错误预警"只是一小部分，例如只占所发布天气预报或是准确天气预报的 20％。同样，发布预警的次数不能过多。随着工作人员和用户和经验日益丰富，可以对预警阈值进行修正，以更好地反映成功预报和错误预警之间的平衡关系。在洪水事件发生不规律的地区，某一特定地点一年之内发布预警的次数不超过 5

次，就可以视作是正常的。

8.5 向用户发布预警

8.5.1 洪水预警标志

1998 年，英格兰和威尔士发生大洪水后，人们表示出对缺乏有效预警的担心。高层政府随后开展的事件调查强调，需要与公众就洪水情况进行更有效的沟通，尤其是要提供更加清楚的洪水预警信号。那些颜色符号将被更换，报告表明几乎所有见过这些颜色符号的人都觉得迷惑费解。颜色符号（黄色、褐色、红色）和基于其他气象预警的符号代号（例如孟加拉利用圆锥形标志或旗形标志表示龙卷风），通常只有业务直接相关的专业人员才能看懂，即使是应急部门的工作人员通常都不清楚这些代码的意义和含义。

由此，英国引入的方式是利用标志的同时进行简单说明，并附以特定的动作指导。通过开展全面的宣传活动，对标志及其说明等信息进行宣传，宣传方式包括海报、电视广告、传单和公共信息中心（图书馆、委员会办公室）。当出现预警情况时，这些标志就会出现在电视天气预报中。表 8.1 对标志及其解释说明进行了介绍。

表 8.1 英国洪水预警标志及其相关说明表

 洪水警戒

"这是洪水预警的第一等级。如果你所处的区域发布洪水警戒的消息，则意味着有可能会发生洪水。相关部门会建议你留意当地广播和电视报导，提醒邻居，关注水位，检查宠物，重新考虑一切旅行计划，确保一切预防洪水的计划能够实施，如果需要更多信息和建议，可以拨打洪水信息咨询电话。"

 洪水预警

"如果你所处的区域发布洪水预警消息，则意味着会发生洪水，并会对生活造成影响。相关部门会建议你将宠物、交通工具、食物、贵重物品和其他物件转移到安全地带，准备关闭煤气和电源，准备撤离，并放置好沙袋和防汛板以保护房子。"

 严重洪水预警

"发布严重洪水预警时，则意味着会发生严重洪水，即将对生命财产构成威胁。如果预警上升到这一级别，要做好断气、断电、断水、断通信设施的准备。建议大家保持冷静，鼓励他人，与应急服务部门保持合作。"

 警报解除

"警报解除时，则意味着洪水水位下降，洪水警报不再有效。在这一级别，你可以进行检查，看是否可以安全回家。"

可以认为这些类型的标志是通用的，标志上的建筑也是当地典型的房屋形状。孟加拉、莫桑比克和其他国家正在制定更多可视化的标志，意在向文盲人群传递信息。

8.5.2　洪水预警信息成果示例

全世界的国家气象和水文机构（NMHSs）使用的信息格式很多。为了便于新成立的洪水预报预警服务机构了解现有的信息范围以及展示方式，8.5.2.1～8.5.2.3 节以及框图 8.1～框图 8.5 选择了一些国家预警服务网站上的现成例子。

8.5.2.1　美国

以下案例来自美国国家海洋和大气局网站：

（1）洪水警戒（框图 8.1）。

框图 8.1

洪水警戒

美国国家气象局 西弗吉尼亚州查尔斯顿

东部标准时间 2009 年 1 月 28 日 周三 凌晨 4：01

国家气象局查尔斯顿分局针对以下地区发布洪水警戒：

格林纳普、卡特、博迪、肯达基州劳伦斯、高卢、俄亥俄州劳伦斯、卡贝尔、梅森、西弗吉尼亚州杰克逊、林肯、帕特南、卡那华、罗恩、威

尔特、卡尔霍恩、明戈、罗根、布恩、克莱、布拉克斯顿、吉尔默、尼古拉斯、韦伯斯特。

城市包括：弗拉特伍兹、格林纳普、格雷森、橄榄山、阿什兰、路易莎、加里波利斯、艾尔顿、南点、科诺瓦、辛诺德、韦恩、亨廷顿、特普莱森特、纽黑文、拉文斯伍德、里普利、哈特、明矶溪、哈姆林、特塞谷、哈利肯、查尔斯顿、南查尔斯顿、圣阿尔本斯、斯宾塞、伊丽莎白、格兰次维、威廉姆森、罗根、查普曼威尔、马恩、麦迪逊、克莱、萨顿、加萨威、伯恩斯维尔、格伦维尔、萨默斯维尔、里奇伍德、克莱格斯维尔、韦伯斯特泉……洪水警戒将持续整个晚上

继续保持洪水警戒的有关事项：

＊ 肯塔基州东北部、俄亥俄州东南部和弗吉尼亚州西部的部分地区，包括以下地区：肯塔基州东北部的博特、卡特、格林纳普和劳伦斯；俄亥俄州东南部的高卢和劳伦斯；弗吉尼亚州西部的布恩、布拉克斯顿、卡贝尔、卡尔霍恩、克莱、吉尔默、西弗吉尼亚州杰克逊、卡那华、林肯、罗根、梅森、明戈、尼古拉斯、帕特南、罗恩、韦恩、韦伯斯特和威尔特。

＊ 持续整个晚上。

＊ 今天早晨一个大型且潮湿的天气系统将在本地区持续存在，主要体现为降雨天气。对于水量已经饱和或是有冰雪覆盖的地区，大量降雨可能会导致洪水问题。

＊ 小溪流水位上涨，以往容易受灾的低洼地区和沟渠可能会出现积水，主要河段也会面临严峻的涨水。

发布洪水警戒则意味着根据现有预报信息，可能会发生洪水。您应掌握后续的预报信息，并关注可能发布的洪水预警。居住在洪泛区内的人员应该做好准备，洪灾发生时采取响应行动。

（2）洪水预警（框图 8.2）。

框图 8.2

洪水预警

美国国家气象局 肯塔基州路易斯维尔

东部标准时间 2009 年 1 月 28 日 周三 上午 8：40

国家气象局路易斯维尔分局针对以下地区发布洪水预警：肯塔基中南

部的阿代尔县、凯西县、克林顿县、坎伯兰县、梅特卡夫县、门罗县、拉塞尔县

　　＊ 直到中央时区 下午 1：30/东部标准时间 下午 2：30。

　　＊ 中央时区上午 7：35/东部标准时间 上午 8：35/因为水位较高，该地区一些道路已经封闭。

　　发布洪水预警则意味着洪水即将发生或是已经见诸报端。

　　河流水位上涨较慢，不会发生山洪。但是，所有相关单位和人员都要立刻采取必要措施。

　　预警区域内可能还会发生 12.7mm（0.5in）左右的降雨。

　　请勿驾车通过那些路面已被水淹没的地区，水深过大，你的车可能无法安全通过。请转移到位置较高的地方。

　　发布洪水预警的网页还提供图形和地图显示的链接。图 5.4（第 5 章）是一个典型的例子，在提供最新的河道水位以及未来预报的同时，还提供了不同预警和危险水位的定义。孟加拉已经采用了这种同时说明已有信息和预报信息的方法，但是很多机构认为这可能会导致混乱或是不必要的警报。

　　（3）山洪预警（框图 8.3）。

框图 8.3

　　山洪预警
　　国家气象局 肯塔基州帕迪尤卡
　　由密苏里州斯普林菲尔德市分局发布
　　中央时区 2009 年 1 月 28 日 周三 凌晨 4：11
　　针对克里斯蒂安县的山洪预警将持续到中央时区的正午时分
　　中央时区凌晨 4 时，克里斯蒂安县的官员向国家气象局报告，立特河开始涨水，水量已经漫过立特河教堂的小路。此时，洪水已经流向霍普金斯社区。霍普金斯社区警务部门建议该城市位于洪泛区的人员立刻转移到位置更高的地方。该城市的居民区可能会被淹没。

　　同时，大量降雨产生的径流会在该县其他地区导致山洪。溪流、河道和位置低的下水道是面临山洪威胁的重点对象。

8.5.2.2 澳大利亚

和美国一样，澳大利亚的洪水预警预报由国家气象机构——气象局管理和发布。相关信息从国家层面逐层向州层面发布，图8.5是北昆士兰州的一个例子。

打开图中所列的网站地址，点击其中的一个红色三角形图标（表示一场大洪水，详细情况见框图8.4），就可以得知洪水预警信息。值得注意的是，每条信息都以唯一的数字序列作为标题（标识符），避免同一地点的预警信息更新时引起混淆。

图 8.5 澳大利亚北昆士兰州的区域洪水情况图

［来源：Bureau of Meteorology，Australia（http：//www. bom. gov. au/）］

洪水预警（框图8.4）。

框图 8.4

编号 20865

澳大利亚政府气象局，北昆士兰

迪亚曼蒂纳河洪水预警

布里斯班气象局于 2009 年 1 月 28 日，周三上午 10：02 发布

位于迪亚曼蒂纳湖和罗斯柏斯之间的迪亚曼蒂纳河持续发生中等至大量级的洪水。

位于埃尔德斯利的迪亚曼蒂纳河上游水位再次上涨，导致中等量级洪水。伯兹维尔的洪水位已回落至中等洪水位以下，但未来几天预计会再次上涨，并导致中等量级洪水。

位于埃尔德斯利的迪亚曼蒂纳河上游水位再次上涨，导致中等量级的洪水。迪亚曼蒂纳湖附近的迪亚曼蒂纳河将持续发生中等量级洪水，水位回落缓慢。本周迪亚曼蒂纳湖和位于蒙洛奇的迪亚曼蒂纳河下游预计持续发生中等量级洪水。

位于罗斯柏斯的迪亚曼蒂纳河水位再次上涨，导致大洪水，周三上午6：00，河道水位为 5.2m，上涨缓慢。位于伯兹维尔的河道下游水位已经回落至中等洪水水位以下。未来数天，预计伯兹维尔河道水位会再次上涨，并迎来中等量级的洪水。最高水位可能接近上周后期达到的最高水位，约为 6.5m。

天气预报：

良好。预计未来 24h 没有大降雨。

下一预警发布：下次预警将于周三上午 10：00 发布。

最新的河道水位高度：

埃尔德斯利的迪亚曼蒂纳河　2.60m，上涨中 2009 年 1 月 28 日周三上午 6：00

奥安门德奥的米尔斯河*　稳定在 1.77m　2009 年 1 月 28 日周三上午8：00

蒙洛奇的迪亚曼蒂纳河　稳定在 4.00m　2009 年 1 月 28 日周三上午6：00

罗斯柏斯的迪亚曼蒂纳河　缓慢上升 5.20m　2009 年 1 月 28 日周三上午6：00

> 伯兹维尔的迪亚曼蒂纳河　缓慢下降 4.60m 2009 年 1 月 28 日周三上午 7：30
>
> ＊表示自动观测站
>
> 登录 http：//www.bom.gov.au/hydro/flood/qld，可以获取预警和河道水位简报。拨打电话 1300659219 可以获取预警信息，费用仅需 27.5 分，如果用手机、公共电话和卫星电话拨打，费用稍高。

8.5.2.3　英国

英国环境署是英格兰和威尔士负责洪水预警预报工作的机构，其通过主页上的链接提供信息。网页上最原始的信息就是洪水警戒和洪水预警的清单，继续浏览清单可以得到更多详细信息。利用该方法时，英国环境署认为采用地点描述的方式比仅给出受影响地区关键地图的方式更好。但是，也有批评认为，公众可能无法识别出其住地所有的河流及河段名称。

（1）洪水预警：洪水预警描述中，有一个洪水风险区域的地图链接。如图 8.6 案例所示，阴影区域是可能会发生洪水的地区，但

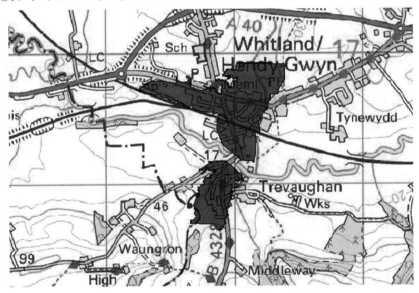

图 8.6　威尔士怀特兰、崔文翰和市郊洪水预警区地区示例，来自英国环境署

（来源：http：//www.environment－agency.gov.uk/）

该结论的得出是根据历史数据和模型，而不是实际发生或预报的洪水范围。

（2）洪水警戒：框图 8.5 是典型的文本说明示例。在网页上，说明文本附有各种洪水风险区域的地图链接。

框图 8.5

坎布斯西部和贝德斯北部的河道支流和小溪流

当前状态：洪水警戒

地点：许姆河和胡麻河以及奥尔肯伯利，埃灵顿，莱斯利和贝利河

地区：盎格鲁

信息更新：拨打洪水热线 0845 988 1188 或输入地区编号 03362 获取更多信息

我们针对该地区发出一般性早期洪水警报，称作洪水警戒。我们还会发布更多关于该地区的具体洪水预警。点击以下链接，查看针对以下地区的洪水预警是否依然有效：

- 埃灵顿和汉密尔顿和奥尔肯伯利河
- 从金伯顿到大斯托顿的许姆河
- 莱斯利河—莱斯利河普特豪尔
- 叶尔登，迪恩上游和迪恩下游

当地无线电台的消息更新：剑桥郡英国广播公司电台

当地电视台的消息更新：

- 英国广播公司—东部
- 独立电视台—盎格鲁

水文模型技术和地理信息数据耦合技术的发展大大促进了可视化水文预报产品的发展和实施。通过引入高精度的数字高程模型数据，这种新产品可以显示关于洪水淹没地区的预报结果。通过结合数字高程模型数据和预测河流水位的水文模型，可以计算出洪泛区的淹没深度，通过与基础设施地图进行叠加，可以显示洪水将会怎样影响特定区域。洪水淹没模拟如图 8.7 所示。

图 8.7 洪水淹没模拟图

8.6 预警信息在洪水响应中的作用

位于偏远地区的社区可能无法接收到前面所描述的预警信息。层级较低的行政和应急机构需要事先明确责任以及与社区之间的联络，应该包括：

（1）当地广播电台，应该给其提供清楚、准确的信息。

（2）指定社区管理员，应可以通过双向无线对讲机或手机直接与预警机构和应急部门联系。

（3）当地发警报的方法，例如教堂的钟声、警报器和喇叭。最后一种方法应该是选定的某个人或社区管理员的具体职责，但需要为他配备设备和交通工具，例如摩托车或自行车。

（4）来自应急服务直升机的"空中呐喊"。

预报部门，例如气象和流域管理机构，需要弄清楚存在风险的那些偏远社区。尽管没有必要为这些地区单独制作预报，但有必要了解恶劣天气在某一特定地点所产生的影响。同时，还有必要向地方层面的行政和应急机构提供最新的、已知的洪水风险图。尽管当地居民对洪水影响区的认识很有价值，也有必要保证当地风险图与中央预警预报机构使用的风险图是匹配的。

在最基层的地方，例如乡村，可能未设置具有相应能力的洪水管理机构或地方管理部门来持有并向公众展示洪水风险图。所以，保存关键建筑物上的或容易观察到的地点上的洪痕是非常重要的，这些洪痕可以作为洪水影响的参考。在孟加拉某些地方，洪水痕迹被保留在路边的碑牌上，以用来说明洪水对道路的影响。对于不是经常发生大洪水的地方，记录历史最大洪水也很重要，因为可能在当地居民有生之年并不会发生大洪水。以德累斯顿为例，200 多年前的洪水位标志对 2002 年易北河发生的大洪水就有很大的参考价值。在今天这类信息可以说变得越发有价值，因为预测到的日益严重的洪水事件正在被归结为气候变化的结果。

8.7　洪水预警系统

8.7.1　建立包括通信系统在内的洪水观测系统

地方洪水观测安排不仅对当地社区做好救灾准备工作非常重要，同时也能让当地的观测者将早期预警信息告知相关部门。大多数时候，常常发生一些局部洪水，监测网络无法监测到相关数据。地方洪水观测安排如下：

（1）配备简单的雨量计和河流水尺，并指定人员读取数据：对于汇流速度较快的流域而言，雨量计尤其重要，因为洪水发生速度很快，需要提供尽可能长的预警时间。

（2）持续观测河流水位和堤防情况：洪水水位接近或超过警戒水位时，河流水位和堤防情况的观测频率要提高。

（3）授予观测人员在当地发布预警的权力。

（4）为观测人员配备通信设备，例如双向无线对讲机和喇叭。

此外，当地的观测人员还能利用自身对当地情况的了解提供其他有价值的服务。观测一般天气情况时，河道特征以及动物反应等都会体现出即将要发生洪水的征兆，这些情况都要告知预警负责部门。当地观测人员也可担负将信息传播给社区的任务，这项活动需要社区的高度参与，因此可以交由社区人员普遍认同的社区领导来负责。负责此项工作的人员需要具备以下技能：

（1）能够安装计量器材，并提供关于降水深度和河流水位意义方面的指导。

（2）会读取计量器材数据并加以解读。

尤其重要的是，当地洪水观测人员要能够觉察到河道水位是否上涨，上涨速度是多少。

8.7.2 为当地洪水预警目的安装测量仪器

这一工作涉及在社区内配备降雨和水位测量仪器。这些仪器的测量结果将有助于整个洪水预报预警过程。所采用的测量设备要符合现场读数的要求。相关的设备如下：

（1）自记雨量计，观测者必须每天测量和记录数据，但是在大暴雨期间，也可以缩短读数的周期。

（2）水尺，观测者可以在社区附近的地点就近使用水尺测量水位。同样，观测者必须每天测量和记录数据，但是在大暴雨期间，也可以缩短读数的周期。

还有成本较低的设备可以使用电池提供动力来提供远程显示和预警信号。这样的话，天气情况恶劣时，观测者不需要出门便可以读取数据，比如在黑暗状态下读取河流水位测量数据是很危险的。报警装置可以使人们随时关注信息。测量仪器应该由政府部门或是非政府组织提供，选址和安装必须要符合国家标准。观测人员必须要训练有素，同时社区必须认识到他们的重要性。观测人员还可以获取一些财务支持，比如购买自行车、无线电电池等其他必要的设备。

更加成熟的洪水管理经常采用自动报警方式。英国环境署在英格兰和威尔士采取的最新安排是对处于高风险区的家庭和商业财产进行直接预警。商业和家庭财产的所有者可以通过电话、手机、传真和寻呼机等手段来获知预警信息。

8.8　预警和社会

8.8.1　基本注意事项

在技术层面和行政层面，洪水预警机构应组织有序，相互协调。但社会的认知和反应却与社会结构和框架有关，可能存在很大差异，且无法预测。

社区层面的目标就是让所有个体都接收到预警。社区内传播信息的方法与当地情况有关，可能包括以下所有方法或是其中的几种：

（1）媒体预警。

（2）一般预警信号，例如警报。

（3）由社区领导或是应急机构发布预警。

（4）专用自动电话预警。

（5）当要传播上游社区所遭受的洪灾和洪水情况的信息时，方法之一就是随着洪水向下游传播在村庄之间传播这些信息。

（6）持续观测当地的河流水位和堤防情况，并定期发布信息。洪水水位上涨并超过关键危险水位时，河流和堤防观测频率要增加。

（7）采用基于社区的预警系统，将洪水来临的信息告知每个家庭。

8.8.2　媒体关注

媒体，例如电视、电台的新闻和广播，通常被视作洪水预警过程的重要参与方。然而，必须要谨慎处理预警预报机构和媒体的关系。记者和主持人不是专业技术人员，他们的基本目标是宣传一个"故事"，这通常意味着他们关注的是错误和失败，比如严重天气预报或洪水预警中的错误，应急措施中的故障和死亡人数。而成功的洪水预警通常与媒体关注的"好消息"不符。

媒体倾向于不采用天气和水文方面的技术术语，而是利用许多媒体的语言来描述洪水，通常能带来戏剧化效果。因此，媒体会说河水冲破了堤防，而不是河水刚刚漫过洪泛区；山洪也会被描述成肆虐的水流；暴雨被描述成倾盆大雨，或者在温带国家将降雨描述成"类似季风雨"。媒体会选择那些表示后果的词语，而不是测量数据，因为后者需要提供事件的前因后果。最近，英国新闻和广播报道的一个趋势是将一次降雨事件的雨量数据与月平均数据进行比较。这样一来，虽然降水为 50mm 对一场暴雨来说很正常，但如果被描述为"预计是月平均降雨的 3/4"，就会非常吸人眼球。洪水事件经常被描述成"史无前例的"或是"历史最糟糕的情况"，却从不参考历史数据。近年来，政客和媒体都喜欢将异常暴雨和洪水事件归结为"气候变化的证据"，但事实上这些事件都属于自然的年际或年内变化范围内。

长期以来，大多数的国家气象机构和洪水预警机构都设有组织有序的新闻媒体部门，一方面应对媒体询问，另一方面在媒体故事中涉及专业的地方积极发挥作用。这一部门的产生是因为专业技术人员在与媒体从业人员打交道方面经验不足，后者可能会对一段专业陈述进行自己的解读，或是断章取义。被挑选出来负责与媒体沟通的官员需要在演讲、撰写新闻简讯和发布公众关注材料方面进行专业训练。负责与媒体接触的官员和发言人通常具有媒体工作的背景，尽管还需要培训一些天气、水文方面的基本知识，但与培训一个专业技术人员怎样处理媒体关系相比，前一种方式更加有效。在美国，电视和电台中的天气频道发展迅速。但英国广播公司（BBC）却完全是另外一种情况，只雇佣资深的气象部门官员。

人们希望，官方组织积极与媒体互动，或者至少是愿意和媒体合作，公众对洪水预警技术方面的关注便会有所提升。因此，定期召开新闻发布会是有好处的，尤其是在重大事件发生期间。如果要启用新程序和新设施，例如采用新的洪水或恶劣天气预警符号，非常重要的一点就是要与新闻和广播媒体保持联络。2001 年英国环境署在英格兰和威尔士启用新的预警符号时，就联合媒体部门展开了一场宣传活动来支持这一举动。互联网也为气象和水文机构提供了更多机会，他们可以在网上发布关于技术发展和情况报告的解释说明材料以及新闻简讯，而无需专门安排具体的发布会。

8.8.3　社区参与数据采集和当地的洪水预警系统

如果社区了解自身角色的重要性，并参与到洪水预报的数据采集活动中，则能建立起社区的主人翁意识。社区居民可以承担下列工作：

（1）看管设施。

（2）经过训练后读取人工计量装置（如雨量计、水位计）。

（3）作为无线电报务员播报实时信息。

计量装置的读取者和观察员的作用是双向的。在记录和报告信息的同时，他们可以利用所掌握的当地情况和自身理解，对所报告的信息进行分析。同时，他们的另一重要角色是从指挥总部接收信息，并将信息传播到社区。社区里受过训练的居民应该能够收集和更新以下方面的信息：

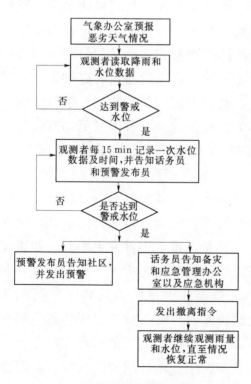

图 8.8　牙买加向农村社区发布洪水预警信息的程序

（1）当地历史大洪水的深度。

（2）当地发生大洪水的原因。

（3）水位上涨的速度。

（4）洪水在当地停留的时间长度。

（5）洪水的移动方向。

社区成员的参与还有助于预防不法分子对器械设施的破坏和损害，同时确保出现破坏时能及时报告信息。为维持这一支持活动，需要支付少量酬劳给当地受委托负责此事的人。牙买加向农村社区发布洪水预警信息的程序如图 8.8 所示。

8.8.4 美国地方洪水预警系统需求评估案例

在美国，国家气象局的分支机构——水文发展办公室根据社区水文预测系统（CHPS）制定了一个全面的计划，以支持地方洪水预警活动。社区水文预测系统的基本目标包括：

（1）降低洪水导致的生命财产损失。

（2）降低洪水对商业活动和人类活动的干扰。

实现这些目标的技术包括：

（1）维护并改善相关部门和个体之间的有效沟通体系。

（2）促进当地社区的参与和响应计划。

（3）教育公众根据山洪预报、观测结果和预警信息进行响应和行动。

（4）提高洪泛区的有效管理。

（5）尽量缩短山洪预警发布后的响应时间。

美国很多正在使用的地方洪水预警系统都是人工自助系统，经济实惠，简单易操作。这些地方系统已经被整合到总体预警预报系统中，如图 8.9 所示。

自助系统由当地数据采集系统、社区洪水协调员、操作简单的洪水预报程序、用于发

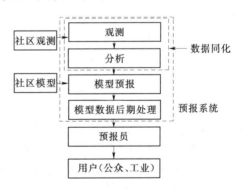

图 8.9 美国社区水文预测系统的作用

布预警的通信网络和响应计划组成。人们已经发现，采集数据最简单、最经济的方法就是招募志愿观测者来收集降雨、河流水位等信息。国家气象局有便宜的塑料雨量器，雨量观测志愿者将雨量数据报告给社区洪水协调员，协调员则负责维护志愿者网络。

对于偏远地区或是没有观测者的地区，可能需要更复杂的自动雨量计。河流水尺的复杂程度也存在差别，既有固定水尺，也有自动遥测水位计。

8.8.5　洪水预警效果和人类心理学

探讨洪水预警未能发挥作用原因的调查有很多，框图 8.6 对此进行了总结。根据发布预警的机构与公众是否达成共识这一原则，对原因进行了分类。

框图 8.6

关于洪水预警的共识是存在的，但价值有限：

(1) 一些人并不觉得洪水是风险，因此尽管他们知道洪水预警，但都选择忽略，甚至将洪水当成一种挑战。

(2) 其他重要事项可能会妨碍人们根据预警信息立刻采取响应行动，例如人们在确定成员的安置去向后，才愿意采取行动。

(3) 因为害怕有人趁机洗劫和破坏，居民可能不愿意留下自己的房屋、财产和牲畜离开。

(4) 其他信号，如邻居采取的行动或主要天气情况，可能与官方发布的预警矛盾。通常人们在确认洪水事件后才会采取行动。

(5) 一些人不愿意听从政府，可能会忽略官方给出的建议。很多情况下，人们不愿意服从命令，而愿意根据眼前的信息做出自己的决定。

(6) 一些人没有采取行动的能力。因此，预警对他们而言没有价值，例如缺乏足够的体力或脑力采取响应行动。

(7) 一些处于风险中的人直到切实遭了损失，才会担心洪水。

关于洪水预警的共识很难达成：

(1) 很多情况下，处于风险的人群非常多元化，这种多样性可能意味着人们关注的重点不同，所说的语言不同，以及对洪水预警的理解程度也不同。

(2) 即使洪水预警系统运行状况很好，一些群体也可能并未收到任何预警。

(3) 非官方的个人预警网络可能有所加强，但也可能有所削弱或是转移官方信息。

系统要定期检查，查看物资和相应安排是否合适。尤其是每次大洪水事件过后要对预警信息的发布、接收和响应行动等进行回

顾。如果可能的话，要进行模拟演习。非常重要的一件事就是要保证社区的人们尽可能早地接收到关于本地区洪水发生可能性的信息。除从官方的洪水预警系统中接收有价值的信息外，社区也应该尝试建立自己的预警系统。

但是，虽然政府部门会致力于提升社区关注和参与程度，但结果不会总是与政府设想的一致。当地的观点和偏见会凌驾于与洪水预警响应有关的技术问题之上，如框图 8.7 中的新闻文章所描述的一样。

框图 8.7

博茨瓦纳日报上关于洪水预警被忽略的报导："夏夏巴社区是位于奥卡万戈三角洲低洼处的一个小型岛上社区，因为奥卡万戈河流很快会发生洪水，西北地区当局建议转移，但该社区拒绝接受这一建议"。灾害管理委员会的成员在一次会议上向社区发出严重洪水预警，但当地居民表示他们宁愿留下来拭目以待，也不愿意离开祖祖辈辈生活的土地。相反，他们要求当局提供帐篷、船或独木舟，以备不时之需。他们还表示，他们不害怕洪水，认为洪水是正常现象。

在奥卡万戈三角洲的安福来特岛上，这已经是当局第四次未能成功说服社区转移到安全区域了，尽管洪水已经包围了这个小岛。即使是国会议员约瑟夫·卡文达玛出面建议，也未能改变他们的想法，他们认为当局的警告是杞人忧天，因此不予理会。卡文达玛告诉他的选民，政府非常担心他们的生命安全，如果他们遭受洪水淹没，会对政府带来很坏的负面影响。他还告知居民，必须小心谨慎，避免做出对子孙后代不利的错误决策。但是社区居民仍然不为所动。

社区居民表示他们已经在岛上生活了几十年，他们见证过好年景，也见识过更差的情形，更主要的是，他们了解奥卡万戈河的行为特征。塞勒戈·莫斯塔万表示，只有达到圣经中诺亚方舟故事里那么大的洪水量级时，才有理由发布预警，但她又指出，即使出现那种情况，她也会选择死在这个岛上，和她的祖先在一起。为了证明这些洪水对他们来说确实不是问题，一个名叫迪哈瓦·图罗的外来者通过询问如何在他们的移民定居过程中形成期待已久的社区信任等问题以岔开洪水话题，表明有很多其他更

紧迫的问题需要讨论，这些洪水无关紧要。

大卫·那哈巴指出，发布洪水预警为时过早，历年来他们都使用地标物来监测洪水强度，如树木，因此他们不可能察觉不到将要发生的洪水。另一位未具名的发言者询问，为何以前政府没有干预过类似事件，因此他怀疑此次预警是出于不良动机。其他要求单独留在岛上的发言者表示，没有政府干预，他们也能应付洪水灾害。只有两位居民因为预警感到不安，告诉当局他们已经准备好转移到位置高的安全地带。地区委员巴杜密斯特·荷博纳同意根据居民的要求为其提供帐篷，但他警告居民时间已经非常紧迫了。

第9章 培训需求

9.1 考虑现有资源

这章的基本假设是即使开展一项新的洪水预警预报业务，都必须建立在现有的一些气象学和水文学基本技术和组织机构的基础上。无论一个国家的洪水预报组织是何种形式，其活动通常都不应该像天气预报那样，被设计为提供连续服务。洪水预报活动按照事件驱动模式运行，当接收到严重事件警报后才开始进行。因此，洪水预报员的活动应在他们的业务职责和全职岗位之间有所区分。即使存在一个专门的洪水预警预报机构，其日常业务工作也与紧急业务运行非常不同。

另外，在任何组织中都存在一定数量的人员流动和新老交替。所有新招聘的员工都应该接受培训，以满足洪水预报活动的全部需求。现有员工必须进行新理念和新技术培训，同时当新招聘员工正式开展工作前也必须接受培训以适应他们的新职位。

在任何洪水预警预报组织中，通过分析员工个人档案就会发现员工的教育背景之间差异很大，你会发现技术员和博士水平的专业学者在一起工作。显然，为了明确界定角色和职责范围，应当对技术和业务流程进行标准化，并建立协调一致的组织指导方针和架构。当建立一个新组织机构时，应研究如何界定职业能力并在以后的工作中保持这种能力。

从现有组织中筹建一个洪水预警预报单位，需要从现有技术人员中选拔。在洪水预报机构中工作的员工活动可以分为四大类：

（1）业务活动，包括分析水文气象情况和利用模拟模型进行预测。

（2）建模工作，工作人员必须为设计模拟工具而确定需求，这可能会因所研究的流域类型不同而差别很大：因为前期率定和操作执行均是技术复杂的业务。

（3）水文监测，涵盖范围从数据采集到录入业务库和存档库，这一工作也涵盖数据传输和数据质量控制。

（4）信息学，涉及信息技术（IT）专家如何确保设备和实时应用程序的 24h 正常运行，以及保障所有输出格式（如地图、图表和文本）的提供和实现。

上述活动之间有着密切的关联性，因此这些机构的员工常常在 2~3 个活动中承担工作、身兼数职，这点在小机构中尤其明显。这样一来，模型研发人员也有可能被要求作为业务活动的后备人员。以下列举了机构人员的典型适宜背景：

——水文学家

——模型研发人员

——系统管理人员和开发人员

——电脑操作员

——技术系统操作员

——气象学家

——通信技术人员

——公共意识和信息专家

——应急业务管理人员

——野外观测人员

假如洪水预警活动是由水管理部门主导的，那么它所需要的大部分技术人员很可能都已经在"机构内部"了。但是要做出关于确切人数、人员结构与均衡、资历与经验的规定显然是不可能的。在上述所有职位和活动领域中，有相当多的专业知识、非学术知识只能在洪水预报预警机构业务工作中获得，并且只能在实践中获得。

9.2 专业资质

由于所从事工作的专业性质，上述类别中几乎所有的员工都具有某种技术、学术或职业资格。在大多数情况下，这些能力和经验都可以通过某种形式的认证或注册而得到认可。一个既定的岗位，通常是教育、培训和经验的综合平衡结果。

在大多数国家，从事上述专业工作的人员都可以从大学或技术学院中获得一定程度的高等教育。这些机构通常提供各种相关学科的课程，例如土木工程学、地球科学、物理科学、计算机和信息技术以及电子学等。这类教育的优点在于同时可以获得公共基础知识和专业学科素养。也许除了气象学和某些信息技术方面学外，这些机构里没有特殊课程可以让人立即获得"洪水预报员"的岗位资质。

由于人员可能来自很多学科，因此不建议明确提出对教育背景的需求。但是由于政府招聘对人员结构的强制规定，明确教育背景的情况很可能出现。招聘通常要求应聘人员具有土木工程（对水文而言）或物理学（对气象而言）的本科学位或研究生学位。政府更倾向于选择那些获得进一步教育、培训和工作经验的人员，这些人员的职业能力更有竞争力，这常常促使毕业生更加专业化，例如攻读硕士或博士学位，或者通过专业机构（如培养专业工程师的研究机构）获取资质。

一些国家或团体（如英联邦和欧盟）成员国之间的资质互认有一个程序，并且可以接受注册，例如职业工程师资质。本书成稿时，法国正在考虑推行一个认证程序，拟将所有的培训过程都整合在一个连贯的培训计划中，形成一个认证，而不考虑培训人员的背景如何。例如，一个计算机操作员的技术认证可能等同于一个仪表技术员的认证。英国已经在推行英国国家职业资格体系，其中一些覆盖气象技能资质。这种认证方式有助于在指定的组织机构内分配员工。同样，英国许多认证机构坚持推行持续职业发展（CPD），

189

整个过程中员工定期提交工作经验报告并且通过培训来维持已有的认证。例如，英国皇家气象学会管理的特许气象学家身份，就是如此。这些举措使确立和维持必要的技能水平与激励水平成为可能。

9.3 培训与继续教育

不难理解，每个学科或专业活动所需的技能都会随着时间而发生变化，这不仅仅主要是因为科学和技术的进步，而且还由于个人知识会停滞不前。例如，许多员工在过去可以非常熟练地使用手工或图表记录仪完成水文测验，但近年来不得不去适应电子和晶体管仪器。操作、维护、修理野外设备的需求也发生了改变，过去从图表中人工提取数据，现在员工需要操作下载设备将数据传给便携数据元件或笔记本电脑。正是这个原因，所以当洪水预警机构实现重大发展或更新装备训练时，培训必须是采购合同中的一部分。单位中过多员工换岗或庞大组织中跨部门轮换，也会导致实践知识的丢失，并造成员工个人能力自信心的丧失。

如果不是必不可少的话，预警预报组织中的所有员工都应该有定期培训的机会，要么完成基础教育要么维持和发展新技能，这将是很有帮助的。在这种情况下，如果这个组织够大，比如像庞大的国家水文机构（NHS）或国家气象机构（NMS）中的洪水预警单位，则最好能有一个组织课程的培训中心。在这种情况下，业务的核心需求课程应包括洪水预报经验、气象学、水文测验、水文学、水力学、行政管理、公共关注和环境责任等。这些课程可以每年都组织，以使新员工参加培训。

继续培训并不能覆盖所有需求，并且在一些较小的洪水预警单位，特别是在欠发达国家，员工可能难以获得合适的培训，这就需要依靠出国访问。但出访国外参加培训课程的相关费用和时间成本可能非常高，而且想参加的课程可能并不常有，那么培训就不具备可持续性了。一个解决方案是让单位里的核心员工不时参加国外培训——培训培训师，对培训师进行培训，然后让这些"培训者"回到自己的组织再将他们学到的东西培训给机构里的其他员工。这种方法已经在巴布亚新几内亚和孟加拉国得到了成功应用，他们的高级技术人员在新西兰的洪水预警机构进行了培训，然后回去给自己国家的水文和洪水预警机构里的人员培训。

另一个途径是自学，这也是对其他培训形式的一种重要补充。自学可以弥补某些基础教育和继续培训方面的缺乏，也可以专注于非常具体的主题。过去大家可以通过通信远程教育中心来自学（例如英国的开放大学），现在越来越多地是通过网络资源来自学。自学还有以下好处：

（1）课程设置灵活，不受地点和年度计划限制。

（2）使用互动音像制品可以快速学习。

（3）学生可以按照自己希望的进度、时间、地点随时随地学习。

（4）基本概念可以复习。

（5）教材和制品时常更新。

（6）可以很容易地在国家或国际组织之间建立合作。

通过网络资源自学可以被纳入更广泛的科普性或再培训课程框架中。然而，有些缺点可能限制了这种方法的效果。网络课程的设计昂贵，特别是如果它们包括先进的互动音像制品时。由于缺乏用户，几年后供应商可能会放弃这些网络课程。如果这些课程都与一些具体制品相关联，那么当制品升级或过时时，这些课程可能会被放弃或改变。语言可能对一些学生来说也是一个问题，特别是使用技术术语时。

自学过程不能促进人们互相交流，而这种交流恰是学习过程中的一个重要部分。因此，学生需要保持高水平的积极性来自学，可能需要某些形式的金融支持或晋升预期。同时，网络课程也缺乏来自认证机构的有效认证或认可。

在一个完整的培训方案中，自学可以有多种形式，复杂程度各异，如下面所述：

- 1级：信息检索

这部分内容涉及访问所有类型的信息材料,这可以通过在国际浏览器(谷歌、维基百科)或一个组织的网站上搜索关键字而获得。其主要优势在于材料很容易访问,但必须得认识到这些信息的标准是非常多样化的,并且信息制作的目的通常不是为了高质量的培训。这些制品通常有文本文件、图像和视频。

• 2 级:网络学习

这部分内容涉及供应商将具体制品传到网上,并将其安排加入课程中。这些课程可以通过关键字检索或浏览专门网站来访问。供应商通常有个目标或承诺来帮助学生通过一个完整的学习模块来获得知识。这级是对 1 级的一个改进,因为内容和制品更加明确,但是仍然存在着学生独自学习的问题。

• 3 级:混合式学习

这级在更正规的框架下提供教育和培训。它需要实现一个基于开始状态和结束状态的教育计划。该计划集中在一个特殊领域的学习,而不是一个具体的主题。通常这类课程由两部分组成。一是学生可以在线获取一整套课程教材,这些教材提供了所有必要的内容,学生还可以访问预先录制好的老师讲课("非同步在线培训")。二是在线教材可以通过以课堂为基础的对话或虚拟课程的形式来得到补充。在这种情况下,事前安排好课程,让老师与学生同时出现,允许他们互动("同步在线培训")。然而,这种方法有一个缺点,就是所需的技术复杂,并且组织上课是一个复杂的事情,可能很难在政府工作环境中实施。

对于很多面临着类似改进洪水预警机构的国家来说,建立在国际层面协调框架下的自学和持续职业发展可能是一个重要举措。世界气象组织(WMO)已经出台了一系列教育和能力标准指南,用来对各国国家气象机构的工作人员培训。如果将该培训扩展到各国国家洪水预警机构时,伴随着教学制品的翻译和适应当地的实际情况,可能会给不同国家的机构之间带来更大程度的合作。

虽然全面的基础教育和再培训,都给洪水预报单位员工提供了解和履行工作的有关知识,但是实践经历也许是知道在一个业务状况下如何工作的最合适途径。一些水文机构用自己预报软件的模拟程序开展职业培训，或者测试"假设"情景，或者熟悉新技术和新练习。然而，这种方法并不常用在其他建立于高水准的职业中，比如航空公司的飞行员培训。

模拟方法可以扩展到培训练习中。这些练习是"桌面型"的，洪水预警组织里的员工不得不对一系列假设条件做出响应。经过精心准备之后，练习可以在准实时的条件下进行，还可让范围广泛的合作组织参加，例如当地政府或应急机构。通过这种方式，响应行动可以像洪水情况模拟的技术方面一样得到测试。

当预警预报服务被定位在一种反映真实案例的情形中时，一个完整的练习可能包括以下组成部分：

（1）这一过程开始于气象机构的信息，这些信息将激活整个业务运行。

（2）在事件中将一直保持与气象机构的实时互动。

（3）利用流域与河流模型模拟生成现实情况，允许洪水预报员提供信息来生成预警。

（4）应引入紧急情况，如数据传输过程中丢失数据、计算机死机等。

（5）生成一套预警信息以激发不同级别的响应。

（6）与公众保护机构联系，通知他们洪水形势的发展。

（7）应向国家高层和新闻界提供信息。

（8）应准备好网络输出材料，实时通知公共保护机构和一般公众。

根据其他机构的合作准备程度，必须根据当地情况对地方和国家气象机构以及地方公共保护机构等参与练习的相关组织进行调整。然而，在紧急事件期间，建立和测试具体程序的综合方法是具有极高价值的。

扩展练习必须由专业人员操作，需要大量的努力去完成。因此，它是昂贵的，也是不可频繁重演的。一些国家的地方洪水预警服务单位常常在非汛期在自己的办公室里组织一些培训会议。很少有练习是在国家层面进行的，其中 2004 年英国环境署实施了三叉戟行动（英国环境署，2005），但到目前未再次出现过类似的练习。令人感兴趣的猜测是在一个国际流域上相关国家参与的洪水模拟练习是否能够实现。

9.4　洪水预警预报机构员工业务培训

员工业务培训对于保持和发展洪水预警预报相关方面和学科的技能是至关重要的。洪水预警预报机构聘用的大部分员工需要一些专业教育和认证，因此国家教育的整体水平是一个重要起点。然而，无论教育水平如何、正式或专业资质是否适用，一些与工作相关的培训和技能发展仍然是需要的。要鼓励形成层次人员结构，这样资深、更有经验的员工可以将知识传授给新员工。近些年技术专业化的发展意味着组织内部的个人和团体可能不容易认识到一系列技能之间的细节或关联性。因此，业务培训可以在以下四个水平上进行，如下：

（1）技术技能培训应保持与最新发展的设备和技术同步。

（2）组织内部各单位的熟知度培训，例如单位负责人要知道数据处理人员的需求。

（3）整个单位的培训：内部联合练习。

（4）与其他组织的交流培训，诸如相关领域的技术或者沟通技能培训，比如新闻媒体吹风会。

当引进新的监控设备、数据管理、模型和软件时，需要对员工进行必要培训。由于员工已经习惯了特定的做事方式，抗拒改变是可以理解的，所以这类培训应该专业化和重点突出。这是非常重要的，因为不能指望员工会主动去掌握那些他们没有经验的设备和系统，然后还有效地使用它们。提供者和受援国政府以及他们的专业组织需要在这方面给予特别考虑。一个项目的培训部分常常被忽视，其成本必须保持在接近上限。一个好的选择是对核心员工进行精细培训，这些员工回去之后可以对其他员工进行技能培训（"培训培训者")。新西兰的国家水与大气研究所（NIWA），也是水文和气象机构的主管单位，多年来一直在提供这种类型的培训"计划"。他们针对来自其他国家的关键技术员工，例如设备技术员、监测员和水文测验技术员，就各种业务单位对他们进行几周时间的在职培训和一些正式的职业培训，然后鼓励他们给"自家"组织的员工进行内部培训。安排的一部分是让新西兰的培训老师花时间与培训人员待在一起，确保培训人员了解个人的工作环境和特定组织的需求。

负责洪水预警预报的组织常常是大的政府部门或者机构，有自己的内部培训计划。然而，业务运行部门需要洪水预警业务人员了解其他学科，尤其是需要与其他机构协调的地方。下面是英国气象办公室提供给英国环境署中从事洪水预警预报员工作的培训内容概况，其目的是给不同层次的员工提供必要信息，让他们能更好地理解和利用气象预报和输出的信息。

【课程1】 为洪水预警责任官员们提供的气象学

目的：提供适当的培训使洪水预警责任官员们更好地理解气候、雷达信息、涌浪和英国气象办公室的产品，以帮助他们更有效地完成工作。

主要目标：课程完成后受培训人员应该可以：

（1）解读天气形势和说明气团与锋面如何形成英国的气候。

（2）描述基本的降雨模式。

（3）解读气象日预报、暴雨预警和国家恶劣天气预警。

（4）解释雷达观测降雨、预测雷达和他们的局限性。

（5）说明如何制作降雨预报以及预报的局限性。

（6）概述高潮和巨涌的特点，包括如何制作其预报及其预报的局限性。

【课程2】 普通气象学

本课程与课程1相比处于更一般的级别上，是以培训洪水预警预报机构中的辅助角色，例如观测员、控制室助理或从其他部门来的洪水预警职责临时代理人为目的的。该课程被英国环境署界定为员工内部培训计划的一部分，旨在满足特定能力水平：①如何解读气象数据和信息；②如何解读天气模式和英国气象办公室的数据。

目的：提供适当的气象培训使机构人员能够更好地理解天气预报，因而更有效地完成他们的工作。

主要目标：课程完成后受培训人员应该可以：

（1）解读天气形势。

（2）说明气团与锋面如何形成英国的气候。

（3）表述他们对当地汇水区如何能影响累积降雨的理解。

（4）解释天气预报的原则以及这些原则与机构内部业务练习的关系。

次要目标：

（5）加强对天气图表和数据解读基本原理的理解。

（6）激发对气象学的兴趣和热情。

【课程3】 雷达气象学

本课程是为解读天气雷达数据有特殊需求的洪水预警预报员工，也就是一线责任预报员而开设的。

目的：为员工提供深入了解天气雷达，包括它们的操作使用和局限性，来帮助员工在职责中获取更好的决策信息。

目标：课程完成后参与人员应该可以：

（1）建立雷达功能与操作需求之间的联系。

（2）了解雷达测雨的优势和劣势。

（3）说明和使用实时及预报雷达影像的好处。

【课程4】 潮汐和浪涌预报

许多洪水预警区域包括河口和海岸线，在这里处于河流下游的洪水可能受潮汐条件的影响。因此，洪水预警预报人员了解与潮汐和浪涌相关的特殊预报是非常重要的。

目的：通过提供指南解读和理解潮汐、风暴浪涌、波浪活动、风暴潮预报，了解英国环境署在洪水风险管理方面的能力。

目标：课程完成后参与人员应该可以：

（1）说明与洪水有关的波浪和潮汐流的影响。

（2）说明英国气象办公室提供的风暴潮预报的优点和局限性。

（3）具有正确解释潮汐预警信息的能力。

与"合作"组织联络工作的其他合适培训：

（1）媒体发布。

（2）灾害管理和紧急机构协调。

（3）公共意识运动。

9.5 建立用户对预警预报的理解

对洪水预警管理者而言，完全理解和识别用户需求范围，实现洪水预警产品、数据和信息的按需定制，是至关重要的（见6.4节、8.5节和8.9节）。国民经济中的许多部门，比如交通运输、应急管理、农业、能源和水供给等都对信息有着特殊的需求。识别和满足用户需求，可以确保预警预报服务能够实现最高价值，因此值得投资。对许多用户开放数据和预报，增加了预报机构的价值和效益，积累了一批支持预报机构未来维持运营所必需的用户。

在一些国家有个问题值得被关注，即社会公众是否有权利获得与河流状况相关的特定信息。这个问题在国际河流中变得越来越重要，例如印度和孟加拉国之间恒河和雅鲁藏布江，津巴布韦、南非和莫桑比克之间的林波波河。应该将洪水预警看作为一个独立实体，从而从一些国家河流管理机构例行发布的水资源公报中分离出来。出于人道主义的原因，应尽一切努力使下游国家更便利地获取跨界信息。

洪水预警预报产品的组成和分发是多样的。在前面章节提到的，预警预报产品有多种分类方法。无论采取何种方法传播预警，预警的关键部分应以一种易理解的形式传递给处于危险中的用户和群众，且留给他们足够时间做出响应行动。预警产品必须清楚地描述洪水威胁、确定事件的位置、涉及的河流和溪流、预期事件（如洪峰）的量级、何时出现洪峰、何时回落至警戒水位以下。如果可以提供进一步具体信息的话，比如基础设施的什么部位将会受到这一事件的影响，这将是很重要的。然而，理想与实际可提供多少信息之间不可避免地存在某种形式的妥协，并且提供的信息也将根据是否有用而确定先后顺序（有时被定义为哪些是"很高兴知道或需要知道"）。

不同的国家机构制作了一系列文本的、图表的和地图的预警（见 8.5 节）。当局给终端用户提供培训来说明上述发布信息的含义以及如何将这些信息用于业务中并获益是至关重要的。当人工发布预警预报信息时，例如通过传真或电话，需要大量的标准格式来满足各种用户的需求，可以培训用户来理解和应用这些信息。列表和文本型的预警现在常常通过 E－mail 或网站发布。虽然使用网站来发布公告和预警极大地提高了信息的有效性，但是也意味着终端用户现在被大量的信息所困惑，或者换句话说不清楚预警的服务范围，所以网站传播是有争议的。这可能指出了一个与之有关的新领域的发展，即洪水预警预报机构有责任维持和提高公共关注度。

参 考 文 献

Environment Agency，2005：*Report on Operation Trident Flood Warning Exercise*，*2004*. London，United Kingdom Environment Agency.